萨巴厨房 ®

面包上的
100种
早餐

萨巴蒂娜◎主编

中国轻工业出版社

在面包上跳舞

有很长一段时间，我特别沉迷做面包，尤其是法棍，烤箱都买了好几个。甚至想出一本书，叫做《做法棍失败的100种误区》。

不过我家里人却很享受，因为我试验失败的面包会变成各种零食，他们排队等着吃。

法棍的吃法有很多：法棍蘸老干妈和牛肉酱；法棍切片，撒盐，烤焦脆；法棍切片，放一块水牛奶酪，烤到拉丝，冒充小比萨；把法棍里面松软的瓤掏出来，只保留香脆的外皮，然后将金枪鱼罐头蛋黄沙拉塞进法棍里，就是一个三百六十度不侧漏的金枪鱼三明治了。

我爸爸特别爱吃发面饼，我做了一个软芝麻欧包，再炒一个油汪汪的大葱鸡蛋给他，老爸把鸡蛋放在面包片上，吃得格外香甜。妈妈血糖高，我烤无糖的扁桃仁粉面包给她吃，虽然略丑，但是妈妈不嫌弃。妈妈起床特别早，要去小菜园种花种菜，做好的无糖面包可以直接给她当早餐吃，还不用开火。

面包其实特别适合当早餐，因为耐存储，形状多变，能烤能煎，可甜可咸，可中可西，冷吃热吃两相宜。面团提前发酵，揉好，放入冰箱，第二天直接放入烤箱，然后刷牙洗脸，等收拾停当，面包也出炉了。

人生不易，且在面包的香气中开始美好的一天。

高欣茹

萨巴蒂娜
个人公众订阅号

萨巴小传：本名高欣茹。萨巴蒂娜是当时出道写美食书时用的笔名。曾主编过五十多本畅销美食图书，出版过小说《厨子的故事》，美食散文集《美味关系》。现任"萨巴厨房"主编。

敬请关注萨巴新浪微博 www.weibo.com/sabadina

目 录
CONTENTS

容量对照表

1 茶匙固体调料 = 5 克	1/2 茶匙固体调料 = 2.5 克	1 汤匙固体调料 = 15 克
1 茶匙液体调料 = 5 毫升	1/2 茶匙液体调料 = 2.5 毫升	1 汤匙液体调料 = 15 毫升

第一章
吐司的华丽变身

早餐蔬菜鸡蛋杯
016

鸡蛋吐司片
018

经典西多士
019

双色棒棒糖吐司卷
020

紫薯鸡蛋吐司卷
022

吐司底小比萨
024

肉松吐司海苔卷
026

金黄虾仁吐司卷
028

双色吐司版铜锣烧
030

红糖豆沙吐司卷
032

酸甜草莓吐司派
034

洋葱土豆沙拉三明治
072

香蕉配奶酪三明治
074

夹心水果三明治
076

牛油果贝果三明治
078

第三章
热狗和汉堡

超简单快手热狗
080

肥牛卷热狗
081

肉松热狗
082

可颂夹心热狗
083

虾柳热狗
084

玉米沙拉热狗
086

牛油果芒果热狗
087

嫩煎鸡胸汉堡
088

烤鸡排汉堡
089

酥脆鸡排汉堡
090

玉米鸡腿汉堡
092

香菇肉饼汉堡
094

双层肉饼奶酪汉堡
096

至尊鲜蔬牛肉堡
098

洋葱牛肉汉堡
100

鲜嫩牛排汉堡
101

创意菠萝汉堡
102

培根荷包蛋汉堡
103

油炸猪排汉堡
104

黄金猪柳汉堡
106

小熊创意汉堡
108

水煮蛋汉堡
110

吐司小方
112

杏仁枫糖吐司脆条
114

飘香椰蓉吐司条
116

浓郁葱香面包干
118

黑胡椒烤吐司条
120

蜂蜜奶香吐司干
121

简单吐司蛋挞
122

清爽牛油果沙拉塔帕斯
124

虾仁奶酪塔帕斯
126

鲜虾吐司芒果沙拉
128

面包芦笋丁虾仁沙拉
130

西班牙轻食塔帕斯
132

火腿时蔬塔帕斯
134

肉松培根奶酪塔帕斯
136

培根面包沙拉
138

什锦杂蔬面包布丁
140

低热量吐司沙拉
142

面包蔬果酸奶沙拉
144

彩虹蔬果塔帕斯
146

清爽水果吐司沙拉
148

初步了解全书

看着名字
就流口水

需要用到的食材一目了
然，要打有准备的仗

营养贴士让你吃出健康

品尝菜肴也是
有情怀的

时间、难
易度清楚
明了

详尽直观
的操作步
骤让你简
单上手

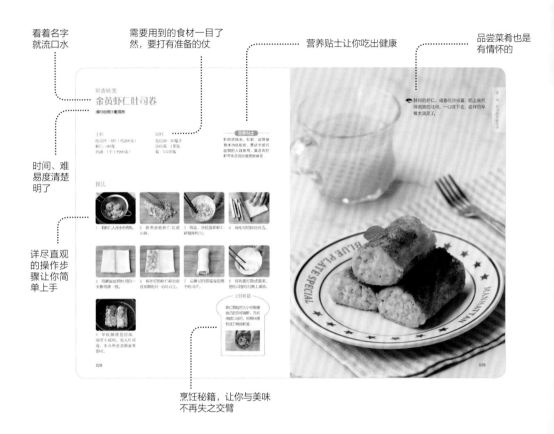

烹饪秘籍，让你与美味
不再失之交臂

为了确保菜谱的可操作性，

本书的每一道菜都经过我们试做、试吃，并且是现场烹饪后直接拍摄的。

本书每道食谱都有步骤图、烹饪秘籍、烹饪难度和烹饪时间的指引，确保你照着图书一步步
操作便可以做出好吃的菜肴。但是具体用量和火候的把握也需要你经验的累积。

书中部分菜品图片含有装饰物，不作为必要食材元素出现在菜谱文字中，读者可根据自己的
喜好增减。

关于面包的知识

🍞 做面包需要的工具

电子台秤

能够准确计量出菜谱中所需食材的重量。

量杯

用于测量液体食材，尽量选择玻璃材料的，方便用微波炉加热。

硅胶案板

用来揉面团或者甩打面团使用，不会粘面团还方便清洁，注意不要用尖锐的刀具划破它。

烤箱

烘烤面包、加热面包都需要它。要选择上下管分别加热的烤箱，方便调控温度。

面包机或厨师机

面包面团用手很难揉出必要的面包膜，所以需要用面包机或厨师机来揉面，方便又快捷。

擀面杖

擀面团、擀面包片用它都能方便解决问题。

面包锯刀

通过锯齿刀刃轻松切割柔软的面包，并且不会产生过多的碎屑，切出的面包切面也很整齐。

烤箱温度计

由于电压不同，烤箱温度不稳定，需要温度计用于测量烤箱烘烤时内部的温度，方便及时调整烤箱温度。

基础面包的做法

只需一次发酵的经典款
奶香松软的吐司

1 取出面包机揉面桶，先将鸡蛋磕入桶中，倒入牛奶，再依次加入盐、白砂糖、所有面粉。

2 在面粉的中间用手指戳一个洞，倒入酵母粉，开启揉面程序20分钟。

3 第一个揉面结束后，加入室温下软化的黄油，再次开启揉面程序20分钟。

4 将揉好的面团平均分成三等份，用擀面杖擀成长形，从一头开始卷起，三份面团都同样操作。

主料

高筋面粉 260克
鸡蛋1个（约60克）
牛奶100毫升

辅料

白砂糖 30克
盐 2克
耐高糖酵母粉 3克
黄油 30克

5 将卷好的面团放入吐司盒中，中间隔开距离，便于面团发酵。

6 盖住吐司盒的盖子，发酵至吐司盒的八分满。

7 烤箱预热150℃，将吐司放入烤箱中层烤50分钟。

8 时间到后，取出吐司盒，将吐司倒在晾网上晾凉，密封保存。

可以夹一切的热狗面包
绵软基础热狗面包

1 取出面包机揉面桶，取30毫升鸡蛋液倒入桶中，倒入牛奶，依次加入盐、白砂糖、低筋面粉、高筋面粉、酵母粉，开启揉面程序15分钟。

2 揉成面团后，加入软化好的黄油，再次揉面20分钟至面团筋道。

3 开启面包机发酵程序，将面团发酵至2倍大。

4 将发酵好的面团取出，排气揉匀，分成均等的五份小面团。

主料

高筋面粉 230克
低筋面粉 60克
鸡蛋液 40毫升
牛奶150毫升

辅料

白砂糖 30克
盐 2克
耐高糖酵母粉 3克
黄油 20克

5 将小面团擀成椭圆形，从左向右卷起，捏住封口，放置于烤盘上。

6 将热狗面包发酵至1.5倍大，在面包表面刷上剩余蛋液。

7 烤箱预热150℃，烤盘放于烤箱中层，烤25分钟至面包金黄即可。

原味贝果面包

主料

高筋面粉 250克
白砂糖 8克
盐 4克
耐高糖酵母粉 3克
黄油 5克

辅料

白砂糖 50克

1 取出面包机揉面桶，将主料中除黄油外的所有材料，以及120毫升清水放入桶中，开启揉面程序10分钟。

2 揉成面团后，加入软化好的黄油，再次揉面20分钟至面团能拉出筋膜。

3 将揉好的面团取出，排气揉匀，分成均等的五份小面团，盖上保鲜膜醒5分钟。

4 将小面团擀成椭圆形，先折三分之一并压紧。

5 再折叠另外的三分之一压紧，最后对折并收口。

6 将面团搓成长条，再将一头压扁。

7 再将面团围成圆形，捏紧收口。

8 将整形好的面团放在油纸上，盖上湿布，发酵30分钟。

9 锅中倒入1000毫升清水，加入白砂糖煮沸，放入贝果面包坯，一面煮30秒，再翻面煮30秒。

10 控干水分，烤箱预热200℃，放入烤箱中层，烤20分钟至面包变色即可。

❄ 面包的保存方法

一次吃不完的吐司要分装好，密封保存。因为面包中的淀粉在2~4℃时最容易老化变干，造成面包变硬、口感差，所以冷藏的温度会对面包造成影响，反而冷冻的温度会放缓淀粉的老化，不会对面包造成太大的影响。

吐司面包保存
1 根据自己每天食用的量，将烤好的吐司砖切成片。
2 将面包片装入保鲜袋中封口，冷冻保存。

热狗面包保存
面包整个放入保鲜袋中封口，放入冰箱冷冻保存。

贝果面包保存
面包整个放入保鲜袋中封口，放入冰箱冷冻保存。

🍞 面包的再次加热

冷冻后的面包不需要解冻，可以直接加热。
面包加热选择的工具有微波炉、烤箱、电饭锅、平底锅。

烤箱

1 用喷水壶在面包表面喷水。　2 用锡箔纸将面包包裹住。　3 烤箱预热120℃，面包放入烤箱中层，烤5分钟即可。

微波炉

1 将面包片放入密封袋。　2 选择高火加热20秒即可。

电饭锅

1 面包放进干净无水的电饭煲内，按冷饭加热键或煮饭键。　2 过程需要两三分钟，等电饭煲跳到保温键，把面包拿出来即可，口感就像刚出炉时一样松软。

平底锅

1 在切片的面包表面喷水，小火加热平底锅，无须放油，加热后再把面包放进去。　2 盖上盖子煎1分钟，面包翻面再煎1分钟，这样加热后的面包外脆内软。

🍓 面包搭配酱

草莓果酱

主料

草莓 500克
白砂糖 100克
柠檬汁 20毫升
盐少许

1 草莓用淡盐水泡洗净，去蒂、沥干，切小块。　2 加入50克白砂糖拌匀，静置2小时，天热可放于冰箱内。　3 将草莓倒入砂锅中，再加入50克白砂糖，大火烧开后转中小火慢煮。

4 熬煮期间要不停用锅铲搅拌，防止果酱粘底。煮到有些黏稠时加入柠檬汁，直到煮至浓稠，关火。　5 准备玻璃瓶，水煮消毒，控干水分，装入草莓酱，等待果酱晾凉，放入冰箱冷藏即可。

保存方法 要选择冰箱冷藏保存。参考果酱的浓稠度，越浓稠的，保存时间越长，但也要在两周内食用完。

蛋黄沙拉酱

1 将鸡蛋分离出蛋清、蛋黄，只留下蛋黄。

2 蛋黄中加入白砂糖和盐，用打蛋器低速打发至蛋黄发白。

3 加入1汤匙橄榄油，用打蛋器低速搅拌至浓稠。

主料

鸡蛋 1个（约60克）
盐 2克
白砂糖 1茶匙
白醋 4茶匙
橄榄油 75毫升

4 用第3步的方法，每次加入等量的橄榄油，一直到橄榄油加完，其间每次加入油都要搅拌均匀，最后到黏稠状态。

5 加入白醋，搅拌均匀即可。

保存方法 做好的蛋黄沙拉酱可以搭配面包，制作面包沙拉。瓶装密封，冷藏保存，保存时间在一周左右。

经典千岛酱

1 将沙拉酱与番茄酱混合。

主料

沙拉酱100克
番茄酱 50克
盐1克
白胡椒粉 2克

2 加入盐、白胡椒粉调味，搅拌均匀即可。

万能酸奶酱

1 将柠檬挤出柠檬汁，蒜切成碎末。

主料

浓稠酸奶 100毫升
柠檬 半个
盐 3克
黑胡椒粉 2克
蒜 2瓣

2 将柠檬汁、蒜末、盐、黑胡椒粉放入酸奶中，搅拌均匀即可。

面包的延伸搭配

常用食材

番茄
番茄的口感酸甜，颜色靓丽，夹在三明治中可以使口感更丰富。

生菜
整片的生菜夹在汉堡或三明治中很漂亮，又可以起到解腻的作用。

鸡蛋
鸡蛋是必不可少的高蛋白食物，也是三明治、沙拉中常见的食材选择。

玉米
玉米不论是单独加在沙拉中，还是与肉类一起搭配做汉堡肉饼，都是不错的选择。

土豆
土豆是低热量、高饱腹的食物，与面包丁搭配做成沙拉，可以作为一顿正餐来吃。

紫洋葱
洋葱最好选择紫皮的，营养更丰富，味道也更浓郁。

小番茄
小番茄个头小，颜色靓，不需要复杂的烹饪手法，简单切一切，放入三明治或沙拉中，造型很漂亮。

牛肉
牛肉与洋葱搭配做成的汉堡、三明治，都是经典款。

猪肉
猪肉是生活中常吃的肉类，炸猪排搭配蔬菜、沙拉酱，也是不错的汉堡配料。

鸡肉
鸡胸肉热量低，鸡腿肉更爽滑，可以根据自己的需求来选择食材。

虾
汉堡中除了常规的肉类搭配，还可以选择鲜虾。弹牙爽口的虾肉也可以用于制作沙拉。

常用工具

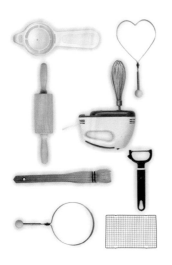

分蛋器
根据菜谱需求，用来更好地分离鸡蛋的蛋清与蛋黄。

擀面杖
用于擀压吐司片，更方便地制作吐司卷使用。

毛刷
将鸡蛋液刷于面包表面。

圆形模具
可将吐司片压出圆片，方便造型。

心形模具
可将吐司片压出心形，方便造型。

打蛋器
制作奶油吐司、打发奶油时使用。

刮刀器
方便将黄瓜、火腿肠等食材轻松刮出薄片。

晾网
可将烘烤出来的吐司卷等放于晾网上，方便晾凉。

第一章

吐司的华丽变身

营养均衡，口感棒

早餐蔬菜鸡蛋杯

⏱25分钟！🥄简单

主料

吐司片…6片（约300克）
鸡蛋…6个（约360克）
什锦蔬菜粒…50克

辅料

盐…1/2茶匙
黑胡椒碎…1/2茶匙
色拉油…适量

━ 营养贴士 ━

鸡蛋富含卵磷脂，该物质能够起到强健大脑、改善记忆力的功效。

做法

1　用面包锯刀将吐司的吐司边切掉。

2　用擀面杖将吐司擀薄一些。

3　找一个蛋糕六边模具，在模具内层刷一层油，将吐司分别放入模具的每个空格里。

4　按压一下吐司，让其与模具贴合紧密一些，形成一个杯子的形状，将鸡蛋磕入吐司杯内。

5　在鸡蛋上撒入什锦蔬菜粒，撒上盐、黑胡椒碎调味。

6　烤箱160℃预热5分钟，放入烤箱中层，烤20分钟至表面金黄即可。

烹饪秘籍

如果家中没有蛋糕六边模具，可以选择玛芬纸杯或小烤碗来造型，也可以达到同样的效果。

用吐司当杯底，加入鸡蛋和蔬菜，食材丰富，营养均衡，做一份高颜值的早餐也可以这么简单快手。

用平底锅烘烤的吐司片嘎嘣脆，加上软软的鸡蛋，一口咬下去，倍感满足！这才是经典的早餐搭配。

口感松软，味道醇香

鸡蛋吐司片

⏱5分钟 ┃ ✋简单

主料

吐司片…1片（约50克）
鸡蛋…1个（约60克）

辅料

黑胡椒碎…适量

营养贴士

鸡蛋营养丰富，且容易被身体吸收。其含有的蛋白质可以提高身体免疫力，还对肝脏等器官有较好的保健作用。

做法

1 用圆形模具在吐司的中心压出一个洞。

2 将吐司放到平底锅中，往中间的洞里磕入鸡蛋。小火慢煎，至鸡蛋底部达到凝固状态即可。

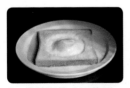

3 将煎好的吐司移到一个瓷盘内，放入微波炉中，选择高火转20秒至鸡蛋全熟。

4 最后可以在做好的吐司片上撒入黑胡椒碎进行调味。

烹饪秘籍

如果没有模具，可以用杯子盖在吐司片上压出圆孔，这样的操作方法简单又方便。

经典的才最好吃
经典西多士

⏱10分钟 | 🍳简单

主料
吐司片···2片（约100克）
奶酪片···1片
鸡蛋···1个（约60克）
火腿片···2片

辅料
黄油···10克

🥐西多士是港式有名的早餐之一，将裹满蛋液的吐司煎至金黄，加上半流心的奶酪，再配一杯醇香的奶茶，真是让人美滋滋。

做法

1 先将吐司切掉吐司边。

2 底层放一片吐司片，放上火腿片，再放奶酪片。

3 再铺一片火腿片，最后盖上另一片吐司。

4 鸡蛋打散成蛋液，把整个吐司浸在蛋液里，均匀裹满蛋液。

5 平底锅里放黄油烧至融化，小火煎至吐司表面变金黄。将做好的西多士用刀对半或对角线切开即可。

─── 烹饪秘籍 ───

打散的蛋液可以放在平盘中，这样方便放入整个吐司，但吐司不可在蛋液中泡太长时间。

换个童真的方法吃吐司
双色棒棒糖吐司卷

⏱10分钟 | 🍳简单

主料
吐司片…2片（约100克）
方火腿片…2片
鸡蛋…2个（约120克）

辅料
沙拉酱…1汤匙
色拉油…2茶匙
牙签…若干

营养贴士

鸡蛋的蛋黄中含有叶黄素和玉米黄素，这些物质能够保护视力，还能预防白内障。

做法

1　吐司切去吐司边，用擀面杖擀薄。

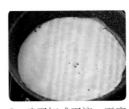

2　鸡蛋打成蛋液。平底锅中倒入色拉油，烧至六成热，倒入蛋液，中小火煎成蛋饼。

3　把蛋饼、火腿片切成与吐司大小一样的方形。

4　最底层放上吐司，均匀抹上沙拉酱，再依次放上蛋饼、火腿片。

5　把吐司从一端开始卷起来，切成厚度均匀的段。

6　用牙签从接口处插进去，不仅固定了吐司卷，又形成了一个棒棒糖的造型。

烹饪秘籍

打散的蛋液中可以加入少量水淀粉，能增加蛋液的黏稠度，这样煎出来的蛋饼更有弹性，不会因为翻动而破损。

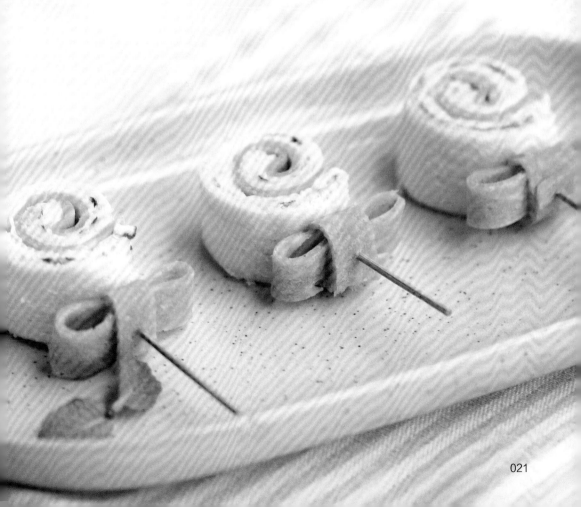

吐司本身的颜色单调，我们加入火腿和鸡蛋，不仅颜色搭配好看，口感也更丰富。换一个造型，让食物变得更有趣。这款棒棒糖吐司卷更适合做给小朋友吃。

层层叠叠的美味

紫薯鸡蛋吐司卷

⏱15分钟 | 🍳简单

主料

吐司片…2片（约100克）
紫薯…100克
鸡蛋…2个（约120克）

辅料

白砂糖…1汤匙
牛奶…20毫升
色拉油…适量

营养贴士

紫薯肉呈紫色，富含花青素，有抗癌、防衰老的功效；紫薯还富含硒元素，对降低胆固醇有一定作用。

做法

1 把紫薯去皮、洗净，切成块；上锅蒸熟。

2 蒸熟的紫薯用勺子压成泥，加入牛奶和白砂糖，搅拌均匀。

3 将鸡蛋打成蛋液；平底锅中刷入一层油，烧热，倒入蛋液，摊成蛋饼。

4 将蛋饼切成与吐司大小一样的方形。

5 底层放上吐司片，放上切好的蛋饼，铺上紫薯泥，喜欢吃的可以多铺一些。

6 从吐司的一端开始，用力将吐司卷起来即可。

烹饪秘籍

紫薯中的花青素遇碱会变蓝，遇酸会变粉，如果紫薯颜色发生更蓝、更深的变化，挤一些柠檬汁就可以恢复颜色。

加入牛奶的紫薯泥绵软香甜，配上蛋饼与吐司，不仅增加了饱腹感，热量又低，多吃几口也不会给身体增加负担。

这样做比萨更简单
吐司底小比萨

⏱15分钟 | 🍳简单

主料

吐司片…4片（约200克）
培根…2片
洋葱…80克
胡萝卜…100克

辅料

番茄酱…4茶匙
马苏里拉奶酪…20克

做法

1 把胡萝卜、洋葱、培根分别切成碎末。

2 将番茄酱均匀涂抹在每片吐司片上。

3 把切好的蔬菜末及培根末先分出一半，撒在吐司上。

4 接着均匀撒上一层马苏里拉奶酪。

5 再撒上剩余的蔬菜末及培根末，这样烤出的吐司口感更丰富。

6 烤箱180℃预热5分钟，将吐司放入中层，烤15分钟至表面金黄即可。

烹饪秘籍

马苏里拉奶酪需要冷冻保存，使用前12小时将其放到冷藏室进行解冻，使用时直接撒在食物表面即可。

蔬菜不用脱水处理，烤好的吐司片酥酥脆脆，既免除了做比萨发面的复杂程序，又是消灭吐司的一个好方法。

有内涵的吐司卷
肉松吐司海苔卷

⏱15分钟 | 🍳简单

主料
吐司片…2片（约100克）
肉松…30克
土豆…50克
海苔片…1片

辅料
沙拉酱…4茶匙
盐…1/2茶匙

做法

1 土豆洗净，去皮，切块，上锅蒸熟。

2 把蒸熟的土豆用勺子压成泥，加入盐，搅拌均匀。

3 吐司切掉吐司边，用擀面杖擀薄一些。

4 吐司上铺上土豆泥，抹上2茶匙沙拉酱，再放上肉松。

5 从吐司的一端开始将吐司卷起来，将吐司卷的接口处向下，在吐司卷的最上层抹上剩余沙拉酱。

6 把海苔片剪成碎片，将海苔碎撒在吐司卷的上方即可。

烹饪秘籍

食材中的土豆也可以换成山药，加入自己喜欢的调料，调成咸口的味道。

单一的肉松吃起来会比较腻，搭配土豆泥，可以让口感更清爽。制作步骤简单，你只需要早起10分钟就可以完成这道早餐。

鲜香味美
金黄虾仁吐司卷

⏱10分钟 | 🍳简单

主料

吐司片…4片（约200克）
虾仁…60克
鸡蛋…1个（约60克）

辅料

色拉油…30毫升
沙拉酱…1茶匙
盐…1/2茶匙

营养贴士

虾肉质鲜美、松软，容易被身体消化吸收，更适于肠胃虚弱的人群食用。其含有的虾青素还能延缓皮肤衰老。

做法

1 将虾仁入开水中煮熟。

2 将煮好的虾仁切成小块。

3 将盐、沙拉酱和虾仁碎搅拌均匀。

4 将吐司切掉吐司边。

5 用擀面杖把吐司的一半擀得薄一些。

6 将拌好的虾仁碎放在没有擀的另一边吐司上。

7 从擀过的那端卷起整个吐司片。

8 将鸡蛋打散成蛋液，把吐司卷均匀裹上蛋液。

9 平底锅放色拉油，烧至七成热，放入吐司卷，小火煎至表面金黄即可。

烹饪秘籍

虾仁颗粒的大小可根据自己的喜好调整，喜欢细腻口感的，可用料理机或刀制成虾泥。

鲜甜的虾仁，咸香的沙拉酱，配上被煎得脆脆的吐司，一口咬下去，这样的早餐太满足了。

升级版的美味
双色吐司版铜锣烧

⏱10分钟 ┃ 🎩简单

主料
吐司片…4片（约200克）
山药…100克
红豆沙…50克

辅料
白砂糖…10克
牛奶…20毫升

做法

1 把山药洗净、去皮，切成块，上锅蒸熟。

2 将蒸熟的山药压成泥，加入白砂糖和牛奶，搅拌均匀。

3 将吐司片用模具压成圆形。

4 铺一片吐司在底层，放入山药泥，占满吐司的一半。

5 另一半吐司上放红豆沙。

6 将另一片吐司盖上即可，如此做完全部吐司。

── 烹饪秘籍 ──

山药削皮以后很容易氧化变黑，可以在冷水中加入盐，将山药泡在水中，有能效避免变黑。

哆啦A梦的铜锣烧里只有红豆沙，而我们的铜锣烧是双色的，山药热量低，红豆营养高，这两种食材搭配，健康又美味。

卷出好气色
红糖豆沙吐司卷

🕐 20分钟 ｜ 🍴 中等

主料
吐司片…2片（约100克）
红豆…50克
鸡蛋…1个（约60克）

辅料
红糖…2汤匙
色拉油…10毫升

营养贴士

红豆富含铁质，可以起到补血、改善贫血的作用；红豆中的皂角苷还有促进排尿、消除水肿的功效。

做法

1 将红豆至少提前2小时泡在清水中。

2 电饭锅中加适量水，放入泡好的红豆，煮至红豆开花变软。

3 将煮好的红豆捞出，用勺子将红豆压碎。

4 炒锅中放入压碎的红豆，加入红糖，小火炒至黏稠，红豆馅就做好了。

5 吐司切掉吐司边，用擀面杖擀薄一些。

6 在吐司的一端放上红豆沙，将吐司卷起来。

7 鸡蛋打散成蛋液，均匀刷在吐司卷上。

8 平底锅中倒入色拉油，小火将吐司卷煎至变色就可以了。

烹饪秘籍

煮好的红豆很容易压碎，留有一些颗粒可以让口感更丰富，如果喜欢更细腻的红豆沙，可以将红豆装在食品袋中，用擀面杖擀压。

红豆、红糖都是日常生活中的补血食材，红糖口感微甜，加了红糖的豆沙馅料也不会很甜腻，尤其适合女性食用。

酥脆甜心派

酸甜草莓吐司派

⏱30分钟 | 🔥中等

主料

吐司片…3片（约150克）
鸡蛋…1个（约60克）
草莓…200克

辅料

白糖…2汤匙
柠檬…半个

━━━ **营养贴士** ━━━

草莓富含果酸，果酸可以帮助肠道消化，稳定血糖；草莓还富含维生素，且容易被身体吸收，对健康有益。

做法

1 将草莓洗净，切成丁，放入炒锅中，加入白糖，静置10分钟。

2 小火加热炒锅，翻炒草莓丁，其间要不停地用锅铲搅拌，防止果酱粘底。

3 煮至草莓丁黏稠时挤入柠檬汁，草莓果酱就做好了。

4 将吐司切去吐司边，用擀面杖将吐司片擀薄。

5 将草莓馅放在吐司对角的位置。

6 对折吐司，用叉子将吐司边缘压紧。

7 将鸡蛋打散成蛋液，用刷子将蛋液刷在吐司表面。

8 烤箱180℃预热5分钟，将吐司放于烤箱中层，烤15分钟即可。

烹饪秘籍

如果觉得自己做果酱麻烦，可以选择市面上售卖的成品果酱，也能做出同样的美味。

我们平常做的吐司大多和蔬菜搭配，这次我们用水果做甜口味的吐司派。烤过的吐司表面酥脆，配上香甜的水果，别有一番滋味。

让人不忍下口
苹果花吐司盒

⏱20分钟 | 🍴中等

主料
吐司片…2片（约100克）
苹果…1个

辅料
白砂糖…1汤匙
鲜薄荷叶…3片

做法

1　苹果对半切开，再切成薄片，尽量薄一些，这样更容易做出花朵的造型。

2　把白砂糖放入切好的苹果片里拌匀，静置5分钟，苹果片会变软出汁。

3　取一片吐司，切掉吐司中间部分，留下一个完整的吐司边。把吐司边放在另一片吐司上，形成盒子状的吐司盒。

4　取五片苹果片，一片压一片，叠在一起。

5　从一端开始卷起来，形成花朵的造型。

6　把所有苹果片都按上面的步骤做出花朵，一个挨一个，紧靠着放在吐司盒中，最后用薄荷叶装饰即可。

烹饪秘籍

如果切不出均匀的苹果薄片，可以用水果刮刀刮出薄片，这样在做造型的时候才能整理出好看的花朵。

吃腻了普通的吐司，变换一个花样，巧妙利用水果来做出花朵造型，好吃又好看。又掌握到了一个消耗吐司的好办法。

吃腻了普通的吐司，变换一个花样，巧妙利用水果来做出花朵造型，好吃又好看。又掌握到了一个消耗吐司的好办法。

轻松自制花样早餐
香蕉吐司卷

⏱10分钟 | 🍳简单

主料

吐司片…2片（约100克）
香蕉…1根（约120克）
鸡蛋…1个（约60克）

辅料

色拉油…20毫升
沙拉酱…1茶匙

营养贴士

香蕉富含果胶及钾元素，多吃香蕉不仅可以帮助消化，缓解胃酸刺激，还有助于维持血压稳定。

做法

1 用面包锯刀把吐司的吐司边切掉。

2 用擀面杖把处理好的吐司擀薄一些。

3 将沙拉酱涂满整片吐司。

4 将香蕉切成两段，将一半香蕉放在吐司的一边，慢慢卷起来。

5 鸡蛋打散，搅拌成蛋液，将卷好的吐司卷全部蘸满蛋液。

6 锅中放色拉油，烧至七成热，开小火把吐司卷煎至两面金黄即可。照此做完两个吐司卷。

烹饪秘籍

用擀面杖擀过的吐司更薄、更有韧性，能方便地将香蕉卷起来，与香蕉之间贴合得也更紧密。

吐司香蕉卷配沙拉酱，外脆内软，用油
煎完会有特别吸引人的香味，属于超级
简单的早餐，堪称懒人福利。

被酸奶浸过的吐司绵绵软软，做好后放入冰箱冷藏之后会更有冰激凌的口感，可以尝试一下。

酸奶不是只能喝的

香蕉酸奶淋吐司

⏱5分钟 | 📖简单

主料
吐司砖…1个（约200克）
香蕉…1根
坚果麦片…20克
酸奶…30毫升

辅料
蜂蜜…适量

营养贴士

酸奶是牛奶经过杀菌、发酵后形成的一种奶制品。酸奶发酵后产生的乳酸能够调节人体肠道菌群平衡，有增强消化能力、促进食欲的效果。

做法

1 将买来的吐司砖切出2片约3厘米的厚吐司片。

2 把香蕉去皮，切成薄厚均匀的香蕉片。

3 在吐司上铺满香蕉片，倒上酸奶。

4 把坚果麦片撒在酸奶上，喜欢甜一些的可以再淋上蜂蜜。

烹饪秘籍

要选择质地浓稠的酸奶，这样做出的成品更有冰激凌般的口感。

颜值在线

多彩水果吐司

🕙10分钟 ┃ 🥄简单

主料

吐司片…3片（约150克）
香蕉…60克
橙子…70克
猕猴桃…50克
草莓…40克

辅料

果酱…2茶匙

🥐 多彩的水果搭配，不仅在视觉上吸引人，配着吐司一口咬下去，味道酸酸甜甜，更是惹人赞叹。

营养贴士

橙子果肉多汁，能补充身体所需水分，其口感酸甜，富含维生素C，橙子中的果胶还能起到促进肠胃吸收、帮助消化的作用。

做法

1　用面包锯刀把吐司的吐司边切掉。

2　将果酱均匀抹在吐司片上。

烹饪秘籍

香蕉比较容易氧化变黑，可以最后再处理，为防止香蕉氧化，可以在切好的香蕉片上淋上一些柠檬汁。

3　带皮的水果做去皮处理，草莓洗净，均切成薄厚均匀的水果片。

4　将切好的水果片贴紧铺在吐司片上，最后沿对角线将吐司切开即可。

用吐司做"蛋糕"

水果吐司伪蛋糕

🕙15分钟 | 🍳中等

主料

白吐司片…2片（约100克）
草莓…5个
芒果…100克
猕猴桃…50克

辅料

浓稠酸奶…30毫升
鲜薄荷叶…3片

做法

1 把草莓、芒果、猕猴桃去皮，切成自己喜欢的形状，可以是块，也可以是片。

2 先切掉吐司边，再把吐司对半切成两半。

3 切好的吐司铺在底层，用勺子抹一层酸奶，放上草莓。

4 接着抹一层酸奶，盖一片吐司，放上芒果。

5 再抹一层酸奶，盖一片吐司，放上猕猴桃。

6 最后盖一片吐司，放上薄荷叶装饰即可。

———— 烹饪秘籍

在开始做这道菜之前，可以每种水果都预留一点出来，最后放在最顶层进行装饰，也可以将用料表里的水果换成自己喜欢的其他水果。

不用再抵触制作蛋糕的复杂程序，用吐司来代替蛋糕坯，放上自己喜欢的水果，用酸奶替代高热量的奶油，这个伪蛋糕更健康。

免去了和面、发酵、烘焙面饼的复杂程序，这道比萨采用吐司替代比萨底，撒入满满的水果，不论是外观还是内在，都让人赞叹。

大人小孩抢着吃

水果吐司比萨

🕙15分钟 | 🍳中等

主料

吐司片…2片（约100克）
香蕉…60克
红心火龙果…50克
芒果…60克

辅料

马苏里拉奶酪…40克

营养贴士

火龙果中富含钾元素，能够起到消肿利尿的作用，当身体出现水肿情况时，可以多食用火龙果。

做法

1 把香蕉、火龙果、芒果去皮，切成1厘米见方的丁。

2 吐司片放在烤盘中，均匀撒上一半的马苏里拉奶酪。

3 均匀铺上所有的水果。

4 在水果上撒入剩余的马苏里拉奶酪。

5 烤箱180℃预热5分钟，烤盘放入烤箱中层，烤10分钟即可。

烹饪秘籍

选择水果时，要选择水分不多的水果，例如苹果、蓝莓等。

清爽绿色好营养

黑胡椒牛油果烤吐司

⏱10分钟 | 👨‍🍳简单

🥐 牛油果也叫鳄梨,在西餐中比较常见,营养丰富。烘烤过的牛油果口感绵密,配上酸甜的小番茄,真是味觉上的大满足。

主料

吐司片…2片(约100克)
牛油果…1个
小番茄…80克

辅料

盐…1/2茶匙
黑胡椒粉…1/2茶匙
马苏里拉奶酪…30克

营养贴士

牛油果的膳食纤维含量高,可以促进肠胃消化,改善便秘。

做法

1 牛油果切开,去核、去皮,将果肉切成块。

2 将牛油果压成泥,加入黑胡椒粉和盐,搅拌均匀。

3 将小番茄洗净,对半切开。

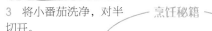

烹饪秘籍

挑选牛油果时,要选择颜色开始变黑的、手捏起来偏软一点的,切开后果肉是嫩绿色的,这样的牛油果是最适合食用的。

4 把牛油果泥铺在吐司片上,放上切好的小番茄,撒上马苏里拉奶酪。

5 烤箱180℃预热5分钟,吐司片放入烤箱中层,烤8分钟至小番茄变软即可。

吐司抹果酱？吐司夹奶酪？吐司配鸡蛋？抛开固有的吐司吃法，这次我们来换个新奇的造型，需要你耐心而且认真才能完成。

邀请你来填空格
棋格造型吐司

🕙10分钟 ┃ 🥄简单

主料
吐司砖…1个（约200克）
奶酪片…1片

辅料
草莓果酱…1汤匙

营养贴士

奶酪含钙量高，对骨骼、牙齿的生长和发育有益，儿童宜适量食用奶酪。

做法

1 将买来的吐司砖切出约2厘米厚的吐司片，每片约50克。

2 将奶酪片平均横切四刀，再竖切四刀，形成十六个小格子。

3 将切好的奶酪片盖到吐司片上。交错地取走部分小格子中的奶酪片。

4 在取走的奶酪片的空格内填入草莓果酱。

5 将吐司片放入微波炉，中高火加热1分钟至奶酪片变软即可。

烹饪秘籍

用料中的奶酪片可以换成火腿片，果酱自己随意搭配。

浸满浓浓的奶酪香

奶香奶酪烤吐司

🕐15分钟 | 🍴中等

🥐 牛奶、奶酪、奶油奶酪，三者融
合，浸润吐司，经过烘烤之后，
有说不出的香醇口感。

主料

吐司片…2片（约100克）
牛奶…100毫升
奶酪片…2片
奶油奶酪…30克

辅料

白砂糖…1汤匙
黄油…25克
杏仁片…适量

─── **营养贴士** ───

牛奶富含蛋白质和钙质，且容易消化
吸收，利于骨骼的发育，可以预防骨
质疏松等骨骼疾病。

做法

1 将牛奶倒入锅中，小
火加热至牛奶冒泡，加
入白砂糖和奶酪片，煮
至奶酪片溶化。

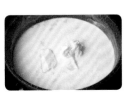

2 加入黄油和奶油奶
酪，不停地搅拌，煮至
浓稠状态，奶酪糊就做
好了。

3 吐司片放入烤盘中，
用勺子舀着做好的奶酪
糊，淋在吐司片上。

4 均匀撒入杏仁片，或
其他自己喜欢的坚果都
可以。

5 烤箱200℃预 热5分
钟，烤盘放入烤箱中
层，烤10分钟，至吐司
表面上色即可。

┌─── 烹饪秘籍 ───┐

加热后的奶酪糊要
趁热淋在吐司上，
如果放置时间长了
会凝固，可以再次
小火加热至融化。

黄油刷过的吐司，加上甜甜的白砂糖，经过烤箱的烘焙，不仅酥脆，还有黄油的香味和白砂糖的颗粒感，一口咬下去，十分满足。

脆脆的面包才是真爱

烤白砂糖吐司片

🕐10分钟 ┃ 🖐 简单

主料

吐司砖…1个（约200克）

辅料

黄油…10克
白砂糖…1汤匙

营养贴士

黄油含有较多的脂肪酸，食用后会增加饱腹感，能为身体补充足够的能量。

做法

1 将买来的吐司砖切出大约3厘米厚的吐司片。

2 将黄油提前从冰箱拿出，在室温下软化，抹在吐司片上。

3 把白砂糖均匀撒在吐司片上。

4 烤箱200℃预热5分钟，吐司片放在烤箱中层，烤至白砂糖融化、吐司成金黄色即可。

烹饪秘籍

除了烤箱，还可以选择平底锅，平底锅内放入吐司，盖锅盖，小火烘烤至吐司上色，撒上白砂糖，也可以达到同样效果。

唤醒你的童真
卡通趣味吐司片

⏱10分钟 | 🍴简单

主料
吐司片…2片（约100克）
巧克力酱…30克

🥐 家里还有剩余的吐司片不知道怎么吃？利用锡纸做个简单的造型，让这片普通的吐司也有了新造型，你是不是都不忍心下口了呢？

营养贴士

吐司松软，易于消化，且含有丰富的碳水化合物，能迅速为身体提供充足能量。

做法

1 将锡纸用剪刀剪成自己喜欢的图案。

2 吐司片放入烤盘中，将剪好的锡纸造型盖在吐司上。

3 烤箱200℃预热5分钟，选择上火，烤盘放入烤箱，烤5分钟至吐司上色。

4 取出吐司片，中间锡纸盖过的地方就是造型图案。

5 将巧克力酱装入裱花袋中，修饰下图案就可以了。

烹饪秘籍

除了巧克力酱，还可以选择黑芝麻酱、花生酱来进行吐司的装饰。

春意盎然
蔬菜沙拉吐司卷

⏱15分钟 | 🍴中等

主料

吐司片…2片（约100克）
土豆…20克
紫甘蓝…20克
黄瓜…20克
胡萝卜…20克
培根…2片

辅料

沙拉酱…1汤匙
盐…1/2茶匙
色拉油…适量

做法

1 把土豆洗净，去皮，切块，上锅蒸熟。

2 把蒸熟的土豆用勺子压成泥，加入盐，搅拌均匀。

3 平底锅中倒入色拉油，放入培根，小火煎至金黄色，煎好后切成1厘米大小的片。

4 将胡萝卜、黄瓜洗净，切成1厘米见方的丁；紫甘蓝洗净，切成细丝。

5 将以上处理好的食材都放在一起，加入沙拉酱，搅拌均匀，蔬菜沙拉就做好了。

6 吐司切掉吐司边，用擀面杖擀薄。

7 将蔬菜沙拉放在吐司中间，从一端开始卷起吐司即可。

烹饪秘籍

处理土豆时，表面有芽眼的地方要去掉；发霉的土豆一定不能食用，否则容易引起食物中毒。

选择少油的烹饪方式，主食与多种蔬菜
搭配，营养均衡又能增强饱腹感。以这
样的方式吃沙拉，健康又别致。

吐司是个宝
六色蔬菜吐司比萨

⏱15分钟 | 🎚中等

主料
吐司片…2片（约100克）
小番茄…40克
胡萝卜…30克
洋葱…30克
冷冻玉米粒…30克
青椒…30克
口蘑…5个

辅料
比萨酱…1汤匙
马苏里拉奶酪…20克

营养贴士
玉米是膳食纤维含量高、热量低的粗粮，不仅能够加快肠胃的消化，解决便秘的烦恼，还有强健脾胃的作用。

做法

1 冷冻玉米粒提前拿出解冻；其余蔬菜洗干净，切成小丁。

2 把所有蔬菜放在碗里，要将蔬菜分开摆放，入微波炉高火转1分钟，目的是脱干蔬菜的水分，烤出来的吐司才会脆。

3 吐司片放在烤盘里，均匀抹上一层比萨酱。

4 将马苏里拉奶酪全部撒在吐司上。

5 把六种蔬菜丁按照每种一排的顺序依次摆在吐司上，铺满整片吐司。

6 烤箱200℃预热5分钟，烤盘放入烤箱中层，烤10分钟即可。

烹饪秘籍

可以选择自己喜欢的蔬菜，例如西蓝花、红甜椒等，要尽量选择不同颜色的蔬菜，成品才漂亮。

一种蔬菜一个颜色，一种蔬菜一个口味，一片小小的吐司，搭配五颜六色的蔬菜，轻松做出简单的比萨，这个吐司小比萨不仅在颜色上诱人，烘烤过后，那酥脆的口感更是让人忘不了。

不同于以往的米饭寿司，这次我们用简单的吐司片做主料，加上自己喜欢的蔬菜和酱料，低热量的搭配，让你多吃几口也无妨。

怎么吃都不胖

蔬菜寿司吐司

⏱10分钟 ┃ 🍴简单

主料

吐司片…2片（约100克）
黄瓜…50克
火腿肠…1根
胡萝卜…50克
海苔片…1张

辅料

沙拉酱…1汤匙

营养贴士

黄瓜富含膳食纤维和水分，且热量极低，减脂期间常用黄瓜代餐，有助于瘦身。

做法

1 把吐司边切掉；黄瓜、胡萝卜洗净，与火腿肠均切成细条，长度与吐司的长度一样。

2 把海苔片剪成与吐司片一样的大小。

3 铺上寿司卷帘，放上吐司，均匀抹上沙拉酱，盖上海苔片。

4 翻个面，把吐司片朝上，再抹上一层沙拉酱，放上火腿条、黄瓜条、胡萝卜条。

5 用卷帘从吐司的一端开始卷起，卷好后切段，寿司卷就做好了。

烹饪秘籍

卷起的吐司卷，接口的地方如果卷不紧，可以再抹一点沙拉酱，卷的时候用力一些，这样可以让寿司卷更贴合。

真的很滑嫩
肥牛滑蛋三明治

⏱15分钟 | 🍳中等

主料

吐司片…3片（约150克）
肥牛片…100克
鸡蛋…2个（约120克）
黄瓜…50克
生菜…15克
番茄…30克

辅料

黑胡椒粉…1/2茶匙
盐…1/2茶匙
沙拉酱…1茶匙
黄油…5克
色拉油…2茶匙

营养贴士

番茄富含果酸及膳食纤维，不仅能够降低血脂，还能够帮助消化，缓解便秘。

做法

1 将吐司片放入烤盘中，烤箱200℃预热5分钟，烤盘放入中层，烤5分钟至吐司上色。

2 平底锅倒入色拉油，烧至六成热，将肥牛炒至变色，撒入盐和黑胡椒粉调味。

3 鸡蛋打散成蛋液；平底锅洗净控干，放入黄油加热至融化，加入蛋液炒熟，不要随意拨动鸡蛋，尽量保证它的完整。

4 生菜洗净，控干水分；黄瓜洗净切片；番茄洗净切片。

5 取一片吐司铺底，抹上沙拉酱，放上生菜。

6 再依次放上番茄片、黄瓜片。

7 盖一片吐司，铺上炒好的鸡蛋和肥牛片，最后再盖一片吐司就可以了。

烹饪秘籍

用黄油炒出来的鸡蛋口感更滑嫩，也可以换成色拉油炒鸡蛋。

黑胡椒翻炒的肥牛片十分入味，黄油翻炒的鸡蛋嫩滑爽口，再搭配清爽的蔬菜，一个用料十足、有肉、有蛋、有菜的三明治就完成啦。

一只手握不住

超大巨无霸三明治

⊙15分钟 | ⋐简单

主料
吐司砖…1个（约200克）
鸡蛋…2个（约120克）
生菜…30克
午餐肉…30克
黄瓜…30克
胡萝卜…30克
圆白菜…20克

辅料
花生酱…2茶匙

───── **营养贴士** ─────

黄瓜中特有的黄瓜酶，能加快人体新陈代谢，增强皮肤弹性，可以让皮肤变得光滑，有美白的效果。

做法

1 将吐司砖切出2片约3厘米厚的厚片吐司。

2 将鸡蛋煮熟，剥壳，对半切开。

3 将生菜洗净、沥干；圆白菜、胡萝卜、黄瓜洗净，分别切成细丝。

4 午餐肉切成1厘米厚的片。

5 取一片吐司铺底，抹上花生酱。

6 依次铺上生菜、午餐肉、黄瓜丝、胡萝卜丝、圆白菜丝。

7 最后放上煮鸡蛋，盖上另一片吐司，用油纸包裹好，对半切开即可。

烹饪秘籍

煮好的鸡蛋放入凉水中浸泡一会儿，就很容易剥掉鸡蛋壳了。

担心早餐吃不饱？担心早餐搭配不合理？这款巨无霸三明治，有肉、有蛋、有蔬菜，做法还简单，早餐吃一个，管饱一整天。

用普通的吐司片夹上肉类、奶酪和蔬菜，便是经典的英式早餐。把煎鸡蛋、火腿片和蔬菜搭配在一起，做法简单，方便快手。

英式经典早餐

快手俱乐部三明治

⏱10分钟 | 🍳简单

主料

吐司片…3片（约150克）
火腿片…2片
番茄…70克
生菜…3片
鸡蛋…1个（约60克）

辅料

沙拉酱…1汤匙
色拉油…1汤匙

营养贴士

生菜中富含维生素E和胡萝卜素，胡萝卜素能够缓解眼疲劳，起到保护视力的作用。

做法

1 烤箱180℃预热5分钟，将吐司片放在烤盘中，放入烤箱中层，烤10分钟至吐司片上色。

2 平底锅放油，烧至六成热，磕入鸡蛋，小火将鸡蛋煎熟。

3 将番茄洗净、切片；生菜洗净，沥干水分。

4 取一片吐司铺底，抹上沙拉酱，放上生菜、煎鸡蛋。

5 盖上一片吐司，再放上番茄片、火腿片，最后再盖一片吐司即可。

烹饪秘籍

煎鸡蛋时，一定要少油小火，慢慢煎，一般3分钟左右就可以煎好。

清新爽口，健康低脂

爽口金枪鱼三明治

⏱10分钟 | 🍳简单

🥖金枪鱼是公认的低热量、高蛋白食物，配上低脂的法棍面包、爽口的蔬菜，这个材料丰富的三明治，营养和味道打满分。

主料

法棍面包…150克
金枪鱼罐头…80克
黄瓜…100克
生菜…3片

辅料

沙拉酱…2茶匙

营养贴士

金枪鱼中的DHA含量高，其不仅可以增强记忆力，还有助于骨骼的生长发育。

做法

1 生菜洗净，沥干水分；黄瓜去皮，切成薄片。

2 取出金枪鱼肉，用勺子微微压碎，放入沙拉酱，搅拌均匀。

3 将法棍面包横着从中间切开，但不要切断。

4 放上生菜，铺上部分黄瓜片，放入金枪鱼肉。

5 再盖一层黄瓜片，将上方的面包盖紧就可以了。

烹饪秘籍

除了用勺子压碎金枪鱼肉，也可以选择用刀剁碎金枪鱼肉。

满满都是蛋白质

香炸虾排三明治

⏱20分钟 | 📶高级

主料

吐司片…2片（约100克）
鲜虾…200克
生菜…3片
鸡蛋…1个（约60克）

辅料

沙拉酱…1茶匙
料酒…1茶匙
盐…1/2茶匙
淀粉…2茶匙
面包糠…15克
色拉油…50毫升

做法

1 将虾去壳，去除虾线，取出虾仁，洗净备用。

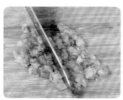

2 用刀将虾仁剁碎成虾泥，可以不用剁太碎，有点颗粒感，口感会更好。

3 剁碎的虾泥里加入盐、料酒、1茶匙淀粉，搅拌均匀，腌制10分钟。

4 鸡蛋打散成蛋液；将虾泥用手捏成虾排的样子，裹上剩余的淀粉。

5 再裹满蛋液，最后裹上面包糠。

6 平底锅放油，烧至七成热，小火将虾排炸熟。

7 铺一片吐司，放上生菜，挤入沙拉酱，放上虾排，再盖上一片吐司即可。

烹饪秘籍

用牙签插进虾的第三节位置，挑出一部分虾线，就可以轻松用手拽出整根虾线。

改变传统肉类三明治的做法，换成鲜虾来试试吧，三明治中夹入酥脆的虾排，爽口的生菜再配上醇香的沙拉酱，真是让人赞不绝口的美味呀。

脆嫩清甜，粒粒分明

玉米蔬菜沙拉三明治

⏱15分钟 | 🍳中等

主料

吐司片…2片（约100克）
玉米…1根
青豆…30克
火腿肠…30克

辅料

沙拉酱…2茶匙

做法

1 玉米煮熟，掰下玉米粒。

2 青豆入沸水中煮熟，捞出，沥干水分。

3 火腿切成0.5厘米见方的丁。

4 将玉米粒、青豆、火腿丁加入沙拉酱，搅拌均匀。

5 烤箱200℃预热5分钟，将吐司片放入烤盘，放入烤箱中层，烤5分钟至上色。

6 铺一片吐司，放入玉米沙拉，铺厚一些，再盖上一片吐司即可。

烹饪秘籍

可以用厨房纸吸干青豆焯水后的水分，这样搅拌后的沙拉比较黏稠，更易夹入三明治中。

黄色的玉米粒，绿色的青豆，红色的火腿丁，红黄绿的搭配，在视觉上给人足够的诱惑力，吃进嘴里，口感更是粒粒分明。

一点也不腻
鸡蛋奶酪肉松三明治

⏱10分钟 | 🍳简单

主料

吐司片…3片（约150克）
鸡蛋…2个（约120克）
鸡肉松…20克
奶酪片…1片

辅料

沙拉酱…1汤匙
盐…1/2茶匙
色拉油…1汤匙

营养贴士

奶酪是经过发酵的奶制品，其在发酵过程中产生的乳酸菌能够维持肠道菌群平衡，对便秘和腹泻都有改善作用。

做法

1　鸡蛋打散成蛋液，加入盐，搅拌均匀。

2　平底锅放入油，烧至五成热，倒入鸡蛋液，小火将鸡蛋炒熟。

3　吐司片铺底，放入奶酪片，铺上炒好的鸡蛋。

4　盖上一片吐司片，均匀抹上沙拉酱。

5　再铺满肉松，最后盖上一片吐司即可。

6　烤箱200℃预热5分钟，将三明治放于烤盘内，放入烤箱中层，烤10分钟至吐司上色即可。

烹饪秘籍

可以用自己喜欢的其他烹饪方式烹制鸡蛋，例如煎鸡蛋、煮鸡蛋，口感也不错。

常常发愁早餐怎么搭配更合理。这款三明治不仅有肉有蛋，还有含钙量高的奶酪片，而且制作方法也很简单快手。

日式风格三明治
彩蔬厚蛋烧三明治

⏱20分钟 | 🍳高级

主料

吐司片…2片（约100克）
鸡蛋…3个（约180克）
菠菜…20克
胡萝卜…50克
冷冻玉米粒…50克

辅料

盐…1/2茶匙
牛奶…15毫升
色拉油…1汤匙

---营养贴士---

菠菜富含铁和叶酸，对缺铁性贫血有很好的预防作用，叶酸还有助于预防胎儿神经管畸形，孕妇可以多食用。

做法

1 将菠菜洗净，整根焯水；焯好后切成碎末。

2 胡萝卜切成碎末，和冷冻玉米粒一起入锅焯熟。

3 鸡蛋打散成蛋液，加入盐、牛奶和蔬菜末，搅拌均匀。

4 方形煎锅内倒入油，开小火，先倒入三分之一的蛋液煎熟，从锅的外侧向内卷起蛋饼。

5 在空余部分再倒入三分之一的蛋液，按上一步的方法将蛋饼卷起来，最后将整个厚蛋烧翻面，再煎一下，让厚蛋烧的形状更好看。

6 将做好的厚蛋烧切成约3厘米厚的块。

7 每片吐司均匀切成四等份。

8 取一块切好吐司片铺底，放入厚蛋烧，再盖上一片切好的吐司片，照此做完所有材料。

烹饪秘籍

如家中没有方形煎锅，可以用圆平底锅，做好的厚蛋烧切去两头，可以保持整个造型漂亮。

加了各色蔬菜的厚蛋烧，只需再加一点你的耐心，配上简单的面包块，看似简单的早餐，却蕴藏着你满满的爱意。

入口爽脆

紫甘蓝沙拉三明治

🕙10分钟 | 🍳简单

主料

吐司片…2片（约100克）
紫甘蓝…50克
鸡蛋…1个（约60克）
培根片…2片

辅料

沙拉酱…2茶匙
盐…1/2茶匙
黑胡椒粉…1/2茶匙
色拉油…1茶匙

营养贴士

紫甘蓝中含有硫元素，这种元素对皮肤病具有食疗作用，常吃紫甘蓝对于维护皮肤健康十分有益。

做法

1 吐司片放入烤盘中，烤箱200℃预热5分钟，烤盘放入烤箱中层，烤5分钟至吐司上色。

2 紫甘蓝洗净，切成细丝，加入盐和黑胡椒粉，搅拌均匀。

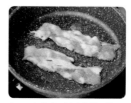

3 平底锅放油烧热，小火将培根片煎至两面金黄。

4 鸡蛋放入开水锅中煮熟，去壳，竖着对半切开。

5 将烤好的吐司片铺底，均匀抹上沙拉酱，放上培根片。

6 铺上厚厚一层紫甘蓝丝，放上切好的鸡蛋，盖上另一片吐司即可。还可以在此基础上增加材料，做成双层三明治，吃起来更过瘾。

烹饪秘籍

除了用平底锅煎培根，还可以将培根与吐司一起放入烤箱烘烤。

紫甘蓝富含维生素，再配上富含蛋白质的鸡蛋与培根，让这个三明治营养更全面，口感更丰富。

复制餐厅的美味
洋葱土豆沙拉三明治

🕐15分钟 | 🍳中等

主料

吐司片…2片（约100克）
土豆…80克
洋葱…50克
黄瓜…50克
火腿肠…1根

辅料

盐…1/2茶匙
牛奶…20毫升
色拉油…2茶匙

营养贴士

土豆的脂肪含量较低，膳食纤维含量较高，适量吃土豆不必担心长胖，它还能增强饱腹感，减少进食量。

做法

1 将土豆洗净、去皮，切成块；上锅蒸熟。

2 将蒸熟的土豆用勺子压成泥，加入牛奶和盐，搅拌均匀。

3 将洋葱去皮，切成小丁；平底锅放油烧热，放入洋葱丁小火炒熟。

4 黄瓜洗净，和火腿肠分别切成0.5厘米见方的丁。

5 土豆泥中放入洋葱丁、黄瓜丁、火腿肠丁，搅拌均匀成沙拉。

6 烤箱200℃预热5分钟，将吐司片放入烤盘中，放入烤箱中层，烤5分钟至上色。

7 铺一片吐司，放入土豆沙拉，再盖上另一片吐司即可。

烹饪秘籍

也可以将土豆切成小丁，放入微波炉，中高火加热10分钟。

土豆是淀粉类蔬菜，饱腹感强。把土豆
蒸熟，再搭配香甜的洋葱、清爽的黄瓜
做成的沙拉，夹在吐司片中，即便随身
携带也很方便。

诱人的黄色

香蕉配奶酪三明治

⏱10分钟 | 🍳简单

主料
吐司片…3片（约150克）
奶酪片…1片
香蕉…200克

辅料
菠萝酱…1茶匙

做法

1 将吐司片放在烤盘上，烤箱180℃预热5分钟，烤盘放进烤箱中层，烤5分钟至上色。

2 香蕉去皮，切成1厘米厚的片，可以挤点柠檬汁，防止香蕉片氧化变黑。

3 取一片吐司片铺底，抹上菠萝酱。

4 铺上香蕉片，每片都要叠在一起。

5 盖上一片吐司片，铺上奶酪片。

6 再铺上香蕉片，同样每片叠在一起，最后盖上一片吐司。

7 用油纸包裹好三明治，对半切开即可。

烹饪秘籍

果酱也可以选择芒果果酱，这样可以达到菜谱中想要的色彩效果。

🥐 早餐时间总是很紧张，简单快手的早餐
最能满足上班族的需要。吐司涂上满满
的果酱，铺上厚厚的香蕉片，层次丰富
的口感，让三明治也变得有趣起来。

给你带来好心情
夹心水果三明治

🕐15分钟 | 🍳中等

主料
吐司片···4片（约200克）
草莓···5颗
猕猴桃···50克
橙子···50克
奶油···200毫升

辅料
白砂糖···25克

做法

1　将橙子、猕猴桃去皮，草莓去蒂；都切成0.5厘米见方的丁。

2　将白砂糖放入奶油中，用打蛋器打至奶油不流动的状态，将奶油装入裱花袋中。

3　将吐司片用圆形模具压出圆形吐司。

4　取一片吐司，沿着吐司的一圈挤上奶油，中间放入猕猴桃丁。

5　盖上一片吐司，沿着吐司的一圈挤上奶油，中间放入草莓丁。

6　再盖上一片吐司，沿着吐司的一圈挤上奶油，在中间放入橙子丁。

7　最后在顶层盖上一片吐司，做些装饰即可。

烹饪秘籍

在处理猕猴桃时，可以先将猕猴桃对半切开，再用勺子贴着果皮，轻松挖出果肉。

清新的水果搭配醇香的奶油、柔软的吐司，一口咬下去，水果都在爆汁，给你带来一整天的好心情。

🥐 熟透的牛油果口感嫩滑，再将煮熟的鸡蛋加入其中，朴素的食材配上简单的做法，清甜适口，令人难以忘怀。

爱上牛油果
牛油果贝果三明治

⏱10分钟 ┃ 🍳简单

主料

贝果面包…1个
牛油果…1个
鸡蛋…1个（约60克）

辅料

盐…1/2茶匙
黑胡椒粉…1/2茶匙
橄榄油…3毫升

———— 营养贴士 ————

牛油果富含多种维生素，有助于对抗衰老，滋润皮肤，是极佳的美容食材之一。

做法

1 牛油果去皮、核，切成丁，用勺子压成泥状，可以不用压得太细腻。

2 鸡蛋煮熟，去壳，切成小块。

3 将鸡蛋块放到牛油果泥中，加入盐、黑胡椒粉、橄榄油，搅拌均匀。

4 将贝果面包横着从中间切开。

5 沿着贝果一圈铺上牛油果鸡蛋泥即可。

烹饪秘籍

如果感觉牛油果用勺子不好压泥，可以装进保鲜袋里，用擀面杖擀压也可以。

第三章
热狗和汉堡

🥐 热狗面包是国外十分常见的街头美食，主要是用一个长条形面包，夹着肉肠、蔬菜和酱料等，制作方法简单，非常受欢迎。

超简单快手热狗

🕐5分钟 ┃ 🍳简单

主料

热狗面包…1个（约100克）
热狗肠…1根
生菜…1片

辅料

沙拉酱…2茶匙
色拉油…2茶匙

营养贴士

生菜是很受大众喜欢的，因为无须烹饪可以直接食用而得名。生菜中的膳食纤维含量高，有消解多余脂肪的作用，也被称为"减肥蔬菜"。

做法

1 将热狗面包放入微波炉，高火加热20秒。

2 用刀竖着从面包中间划开，但不要划到底。

3 平底锅中放入色拉油烧至六成热，放入热狗肠，小火煎至热狗肠上色。

4 将生菜夹入面包中，再放上热狗肠，表面挤上沙拉酱就可以了。

烹饪秘籍

将热狗面包放入烤箱中烘烤，200℃烤5分钟，可以使面包变得松软。

黑胡椒真开胃
肥牛卷热狗

⏱10分钟 | 🍳简单

主料
热狗面包…1个（约100克）
肥牛卷…200克
生菜…2片

辅料
白芝麻…2克
黑胡椒汁…1茶匙
色拉油…1茶匙

🌿 吃惯了夹着肠的热狗，这次抛开固有的热狗做法，黑胡椒配着滑嫩的肥牛夹在松软的面包中，一样好吃。生活就是需要多一点创意。

—— **营养贴士** ——

白芝麻富含亚油酸，亚油酸不仅可以帮助降低胆固醇，还有降低血压的作用。

做法

1 锅中倒入适量清水，水开后下肥牛卷，撇去浮沫，捞出肥牛卷，沥干。

2 平底锅中倒入色拉油烧热，小火翻炒肥牛卷，加入黑胡椒汁，翻炒均匀。

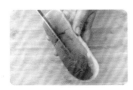

3 热狗面包从中间划开，但不要切到底。

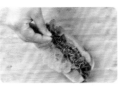

4 在面包中间放入生菜、肥牛卷，撒上白芝麻就可以了。

烹饪秘籍

肥牛卷可以直接在冷冻状态下焯水，不用解冻，这样做起来更节省时间。

早餐想来点肉，又不想吃得太油腻，肉松是最好的选择。颠覆以往热狗的传统搭配，品尝到咸香的肉松，爽口的生菜，感觉整个人都清爽起来。

肉松是面包的好伙伴

肉松热狗

⏱10分钟 | 🍳简单

主料

热狗面包…1个（约100克）
热狗肠…1根
肉松…20克
生菜…2片
海苔碎…3克

辅料

沙拉酱…2茶匙
色拉油…2茶匙

营养贴士

肉松是经过加工后的肉质食品，口感柔软，方便肠胃消化，不会加重身体负担，更适合老人和孩子食用。

做法

1 平底锅放色拉油烧热，放入热狗肠，小火煎熟。

2 将热狗面包竖着切开，不要切到底。

3 在面包中间夹入生菜，塞满肉松。

4 再放入热狗肠，挤入沙拉酱。

5 最后撒上海苔碎就可以了。

烹饪秘籍

不喜欢海苔碎的可以换成花生碎，口感也不错。

酥酥脆脆

可颂夹心热狗

⏱10分钟 | 👌简单

主料

可颂面包…1个（约100克）
火腿片…3片
鸡蛋…1个（约60克）
黄瓜…50克
奶酪片…1片

辅料

蛋黄酱…2茶匙
色拉油…1茶匙

🥐 可颂面包又称羊角面包，经过复杂的烘焙过程，可颂面包变得非常酥脆，搭配简单的食材，让整个面包有了新感觉。

第三章 热狗和汉堡

营养贴士

黄瓜富含膳食纤维，能够促进肠道蠕动，预防和缓解便秘。黄瓜热量极低，还能增强饱腹感，常吃黄瓜有助于减肥。

做法

1 平底锅倒入色拉油烧热，小火将火腿煎熟。

2 黄瓜洗净，切成片，越薄越好。

3 鸡蛋煮成水煮蛋，切成片。

4 将可颂面包横着从中间切开，但不要切断。

5 面包中间夹入奶酪片、黄瓜片、鸡蛋片。

6 将火腿片对折夹入面包中，增加整个面包的饱满度，最后抹上蛋黄酱就可以了。

烹饪秘籍

可以将黄瓜换成胡萝卜、莴笋等爽口的蔬菜。

083

大快朵颐
虾柳热狗

🕐20分钟 | 🍳中等

主料

热狗面包…1个（约200克）
鲜虾…150克
黄瓜…80克

辅料

盐…2克
黑胡椒粉…1克
淀粉…1茶匙
鸡蛋…1个
面包糠…15克
沙拉酱…2茶匙
色拉油…60毫升

做法

1 将鲜虾去头、去壳，留下虾尾，用牙签去除虾线。

2 将虾从中间竖着切开，不要切到底，尾部要连着。

3 将虾加入盐和黑胡椒粉腌制10分钟。

4 黄瓜洗净，切成薄片，越薄越好。

5 鸡蛋打散成蛋液；虾柳裹上淀粉，再裹上鸡蛋液，最后裹上面包糠。

6 锅中放油，烧至六成热，放入虾柳炸至金黄色。

7 面包横着从中间切开，放入黄瓜片。

8 放入炸好的虾柳，挤入沙拉酱就好了。

烹饪秘籍

也可以买现成的虾仁进行处理，炸成虾柳。

嫌吃虾去壳太麻烦，可以将虾提前处理好，裹满鸡蛋液和面包糠，炸成酥脆的虾柳，让爱吃虾又怕麻烦的你，好好过把瘾。

香软的面包、鲜甜的玉米粒、爽脆的黄瓜丁、低脂的酸奶……热狗的搭配有上百种，但这一款却更加俘获人心。

玉米沙拉热狗

⏱10分钟 ｜ 🍳简单

主料

热狗面包…1个（约100克）
玉米…1根
黄瓜…30克
胡萝卜…30克
火腿肠…1根

辅料

沙拉酱…2茶匙
浓稠酸奶…2茶匙

营养贴士

胡萝卜富含胡萝卜素，这种营养物质进入人体后会转化为维生素A，对视力发育、视网膜健康都有促进作用。

做法

1 将玉米煮熟，掰下玉米粒。

2 胡萝卜洗净，切成小丁，放入沸水中焯熟，捞出。

3 黄瓜洗净，和火腿肠都切成小丁。

4 将玉米粒、黄瓜丁、胡萝卜丁、火腿丁一起加入沙拉酱、酸奶，搅拌均匀成玉米沙拉。

5 将热狗面包竖着从中间切开，但不要切断。

6 将玉米沙拉夹入面包就做好了。

烹饪秘籍

喜欢生食胡萝卜的，胡萝卜丁可以不用焯水，口感更清脆。

味道惊艳

牛油果芒果热狗

⏱10分钟 | 🍴简单

🥐牛油果本身味道清淡，做成甜口咸口均可，全看你怎样搭配。芒果的加入让整个热狗有了新感觉，相信这个组合定会让你惊艳。

主料
热狗面包…1个（约100克）
牛油果…1个
芒果…100克

辅料
花生酱…2茶匙

---营养贴士---

芒果有"热带果王"的美称，其口味香甜，果肉多汁，可以缓解肠胃不适，还能够起到止吐的作用。

做法

1 将牛油果去皮、去核，切成约0.5厘米厚的片。

2 芒果去皮，也同样切成约0.5厘米厚的片。

3 将热狗面包竖着从中间切开，不要切断。

4 挤入花生酱，整齐码入牛油果片。

5 再紧贴着牛油果片码入芒果片即可。

---烹饪秘籍---

切开的牛油果如果吃不完，要用保鲜袋密封，冷藏保存。

🥐 鸡胸肉是鸡身上体积最大的两块肉，肉质特别细嫩，煎过的鸡肉边缘微微起焦，加上黑胡椒汁的调味，这样的汉堡谁都不会拒绝。

肉质细嫩，外焦里嫩

嫩煎鸡胸汉堡

🕐15分钟 | 💪中等

主料

汉堡坯…1个（约100克）
鸡胸肉…1块（约150克）
生菜…15克
番茄片…2片

辅料

黑胡椒汁…2茶匙
盐…1/2茶匙
色拉油…1茶匙

营养贴士

鸡胸肉富含蛋白质，且易于消化吸收，非常适合儿童食用，有促进生长发育的作用，能够强壮身体、提高免疫力。

做法

1　将鸡胸肉用刀背轻轻剁至鸡肉松弛，双面都抹上盐，腌制10分钟。

2　平底锅放入色拉油，烧至五成热，小火慢煎鸡胸肉，淋入黑胡椒汁，再煎5分钟至鸡肉入味。

3　将汉堡坯横着从中间切开，放入平底锅，小火煎3分钟至面包酥脆。

4　汉堡坯中铺入生菜、番茄片，放入鸡胸肉，盖上汉堡坯即可。

烹饪秘籍

汉堡坯可以放入烤箱中，180℃烤5分钟，同样能达到酥脆的效果。

减热量，不减美味

烤鸡排汉堡

🕐40分钟 | 🍴中等

主料
汉堡坯…1个（约100克）
鸡胸肉…150克
生菜…2片

辅料
奥尔良腌料…2茶匙
沙拉酱…2茶匙
海苔碎…适量

🥖 鸡胸肉是公认的减肥必选肉类，用烤箱烤过的鸡胸肉不会油腻，比煎、炸的热量都少，但依旧肉质鲜嫩，非常好吃。

（营养贴士）
鸡胸肉是鸡身上比较大的两块肉，肉质有弹性。鸡胸肉的蛋白质含量高，脂肪含量低，非常适合减肥及健身人群食用。

做法

1 将鸡胸肉横着从中间片开分成两片，用刀背将肉剁松。

2 奥尔良腌料中加入少许水拌匀，再将鸡胸肉放入腌料中抹匀，腌制10分钟。

3 烤箱220℃预热5分钟，将鸡排放入烤箱中层烤制10分钟，再翻面烤10分钟。

4 烤好的鸡排挤上沙拉酱，撒上海苔碎。

5 汉堡坯横着切开，放入生菜，再放入鸡排，盖上汉堡坯就可以了。

烹饪秘籍

可以用擀面杖敲打让鸡胸肉变得松弛，这样不仅容易入味，而且口感更好。

酥得掉渣
酥脆鸡排汉堡

⏱20分钟 | 📶高级

主料

汉堡坯…1个（约100克）
鸡胸肉…1块（约150克）
生菜…3片
奶酪片…1片
鸡蛋…1个（约60克）

辅料

沙拉酱…2茶匙
盐…1/2茶匙
色拉油…60毫升
黑胡椒粉…1/2茶匙
淀粉…1茶匙
面包糠…20克

做法

1 将鸡胸肉横着从中间切开成两片。用刀背在鸡胸肉上剁一剁，让鸡肉松弛，炸出来更好吃。

2 在鸡胸肉上撒上盐、黑胡椒粉，至少腌制2小时。

3 鸡蛋打散成蛋液；将腌好的鸡肉均匀裹上淀粉。

4 再将鸡肉裹满蛋液，最后均匀裹上面包糠。

5 锅中倒入油，烧至七成热，小火将鸡肉炸至两面金黄。

6 汉堡坯横着从中间切开，下层汉堡坯抹上沙拉酱。

7 放上生菜片、奶酪片、炸好的鸡肉，盖上上层汉堡坯就可以了。

烹饪秘籍

如果不喜欢油炸的，可以将准备好的鸡胸肉放入烤箱，200℃烘烤30分钟即可。

炸过的鸡排外酥里嫩，加上融化的奶酪片、香甜的沙拉酱，美味无敌！以后吃汉堡可以不用再去快餐店啦。

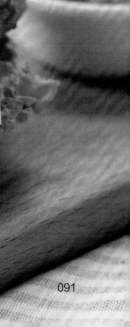

肉质弹牙

玉米鸡腿汉堡

⏱15分钟 | 🍴中等

主料

汉堡坯…1个（约100克）
鸡腿…200克
玉米…半根
生菜…2片

辅料

盐…1/2茶匙
黑胡椒粉…2克
淀粉…1茶匙
鸡蛋液…30毫升
色拉油…20毫升

营养贴士

玉米中含有的谷固醇物质可以降低人体中的胆固醇含量。玉米还可以榨成玉米油，富含不饱和脂肪酸，是常用的健康油类。

做法

1 将鸡腿剪开，去掉骨头，把鸡肉剁成肉泥。

2 使劲摔打鸡肉泥，让鸡肉馅更筋道。

3 鸡肉馅内加入盐、黑胡椒粉、淀粉、鸡蛋液，搅拌均匀。

4 玉米洗净，切出玉米粒，加入鸡肉泥中，搅拌均匀成鸡肉馅。

5 将做好的鸡肉馅用手捏成肉饼的形状。

6 平底锅中倒入色拉油，小火将鸡肉饼煎熟。

7 汉堡坯横着从中间切开，铺上一片生菜，放上鸡肉饼，再铺一片生菜，最后盖上汉堡坯即可。

烹饪秘籍

可以选择超市中的速冻玉米粒，更加方便。

鸡腿肉是鸡肉中比较有弹性的部位，配上香甜的玉米粒，早起15分钟就可以做出一道家人都喜欢的汉堡。

中西合璧
香菇肉饼汉堡

⏱15分钟 | 🍴中等

主料
汉堡坯…1个（约100克）
干香菇…15朵
鸡胸肉…150克
生菜…1片

辅料
蚝油…2茶匙
盐…1/2茶匙
鸡蛋…1个
色拉油…1汤匙

营养贴士
香菇中特有的香菇素能起到降血压、降血脂的作用。

做法

1 将干香菇用温水泡发至变软；鸡蛋磕开，分离出蛋清；生菜洗净，沥干水分。

2 将鸡胸肉用刀剁成肉泥，加入盐、蚝油、蛋清搅拌均匀，腌制10分钟。

3 泡好的香菇切成碎末，加入鸡肉泥中，搅拌均匀。

4 将做好的鸡肉馅用手捏成肉饼。

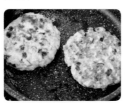

5 平底锅中放油，烧至五成热，小火将肉饼两面煎熟。

烹饪秘籍

如果时间有限，干香菇可以放在密封盒中，加入温水，盖上盖子，用力上下摇晃1分钟就好了。

6 汉堡坯横着从中间切开，依次放入生菜、香菇肉饼，盖上汉堡就可以了。

吃过了香菇肉馅的馅饼，今天来个与众不同的中式馅料搭配汉堡坯。汉堡口感蓬松，馅料香醇不油腻，中西合璧，满足你挑剔的胃口。

肉食主义者的心头好
双层肉饼奶酪汉堡

⏱25分钟 | ⚙高级

主料

汉堡坯…1个（约100克）
鸡胸肉…100克
牛肉…100克
奶酪片…2片
番茄…2片
生菜…2片

辅料

盐…1茶匙
黑胡椒粉…2克
柠檬汁…10毫升
鸡蛋…2个
淀粉…1茶匙
番茄酱…2茶匙
黄油…30克

做法

1 将鸡蛋分离出蛋清和蛋黄，留下蛋清。

2 将鸡胸肉用料理机打成肉馅，加入一半的盐、黑胡椒粉、蛋清、柠檬汁和淀粉，搅匀至肉馅有弹性，腌制10分钟。

3 将牛肉用料理机打成肉馅，加入剩下的盐、黑胡椒粉、蛋清、柠檬汁和淀粉，搅拌均匀至肉馅有弹性，腌制10分钟。

4 用手将鸡肉馅捏成肉饼，平底锅中放入15克黄油，烧至融化，放入鸡肉饼煎至两面熟透。

5 用手将牛肉馅捏成肉饼，平底锅中放入剩下的黄油，烧至融化，放入牛肉饼煎至两面熟透。

6 生菜洗净，沥干水分；番茄洗净，切成片。

7 汉堡坯横着从中间切开，放入生菜，一片番茄片。

8 放上鸡肉饼，铺入一片奶酪片，再放上番茄片，铺上牛肉饼，盖上另一片奶酪。

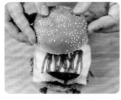

9 最后挤入番茄酱，盖上汉堡。

10 汉堡放入烤盘中，烤箱180℃预热5分钟，烤盘放入烤箱中层，烤5分钟至奶酪片融化即可。

烹饪秘籍

可以将做好的汉堡放入微波炉中，高火加热2分钟至奶酪片融化。

想一次吃两种口味的汉堡？这个菜谱可以满足你。牛肉与鸡肉结合，配上融化到刚好的奶酪片，一定要张大嘴吃才过瘾哦。

彩虹系汉堡
至尊鲜蔬牛肉堡

⏱20分钟 | 🍴中等

主料

汉堡坯…1个（约100克）
牛肉…200克
紫洋葱…20克
圆白菜…20克
胡萝卜…20克
黄瓜…20克
生菜…20克

辅料

盐…1/2茶匙
料酒…2茶匙
蚝油…1茶匙
鸡蛋…1个
淀粉…2茶匙
色拉油…1汤匙
千岛酱…2茶匙

营养贴士

番茄中含有抗氧化成分，有助于消除自由基、对抗衰老，常食有美白护肤的功效。

做法

1 将牛肉放入冷水中浸泡1小时，中间要换两次水，以去除牛肉中的血水。

2 牛肉冲洗干净，放入搅肉器中搅成肉馅，鸡蛋分离出蛋清，加入到肉馅中。

3 将料酒、淀粉、盐、蚝油加入肉馅中，搅拌至肉馅筋道。

4 将肉馅用手捏成肉饼；平底锅中倒入油，小火将牛肉饼煎熟。

5 将生菜、圆白菜撕成大片叶子，洗净，沥干水分。

6 紫洋葱去皮，洗净，切成丝；胡萝卜洗净，切成丝；黄瓜洗净，切成丝。

7 汉堡坯横着从中间切开，挤入千岛酱，依次放上生菜、牛肉饼、黄瓜丝、胡萝卜丝、洋葱丝，再放上圆白菜，盖上汉堡就好了。

烹饪秘籍

分离蛋清、蛋黄可以用鸡蛋分离器，也可以用鸡蛋壳分离，不用太精细。

孩子喜欢吃快餐又怕没营养？发愁孩子挑食不爱吃蔬菜？这个汉堡不仅有高蛋白的牛肉，还有六种蔬菜搭配，颜色诱人，既解决了你的担心又满足了孩子的要求。

汉堡有千变万化的组合方式，但配洋葱永远是最经典的组合。煎过的洋葱没有了辛辣的味道，只留下淡淡的香甜，相信你也会爱上这款汉堡的。

一对好搭档

洋葱牛肉汉堡

🕐 15分钟 | 🍴 中等

主料

汉堡坯…1个（约100克）
牛肉…100克
洋葱…50克
生菜…2片
番茄片…2片

辅料

鸡蛋…1个
黑胡椒碎…2克
盐…1/2茶匙
黄油…15克
淀粉…1茶匙
色拉油…50毫升

营养贴士

牛肉中的肌氨酸含量很高，对增长肌肉、增强力量有很好的效果，能够提高免疫力。

做法

1 将牛肉用料理机打成肉泥，加入黑胡椒碎、盐搅拌均匀，腌制10分钟。

2 洋葱切成1厘米宽的条；平底锅放油烧至五成热，将洋葱炸成金黄色捞出，将油沥干。

3 牛肉里加入淀粉、鸡蛋，搅拌至肉馅有弹性。

4 用手将牛肉馅捏成肉饼；平底锅放入黄油，将牛肉饼两面煎熟。

5 生菜洗净，沥干水分；汉堡坯从中间横着切开，依次放入生菜、牛肉饼。

6 再铺上洋葱，放上番茄片，最后盖上汉堡就可以了。

烹饪秘籍

切洋葱时把菜刀在冷水中浸泡一会儿再切，会改善切洋葱流泪的情况。

豪华版汉堡

鲜嫩牛排汉堡

⏱15分钟 | 🍴中等

主料

汉堡坯…1个（约100克）
牛排…200克
紫洋葱…50克
生菜…3片

辅料

黄油…15克
黑胡椒酱…2茶匙
白芝麻…适量

煎牛排并不陌生，只需要再多一些心思，配上有益身体的紫皮洋葱，让汉堡也多了个新花样。

─── **营养贴士** ───

紫皮洋葱中有一种叫儿茶酚的物质，该物质能帮助身体排出多余的盐分，有降低血压的功效。

做法

1 将牛排解冻，切成约1厘米厚的条。

2 平底锅放黄油，小火煎至牛排条变色。

3 洋葱切成丝；生菜洗净，沥干水分。

4 汉堡坯横着从中间切开，放上生菜。

5 铺入洋葱丝，放上牛排条，在牛排条上淋上黑胡椒酱，撒上白芝麻，盖上汉堡即可。

─── **烹饪秘籍** ───

牛排在煎之前可以用刀背或者敲肉锤将肉拍松弛，这样口感更嫩。

吃过了菠萝饭、菠萝派，没想到菠萝还可以做成汉堡夹心吧？经黄油煎过的菠萝更加香甜，配上酸黄瓜解腻，给味觉打开了新世界的大门。

创意菠萝汉堡

⏱15分钟 | 🍳简单

主料

汉堡坯…1个（约100克）
菠萝…100克
圆火腿…2片
酸黄瓜片…20克
生菜…1片

辅料

黄油…15克
柠檬酱…2茶匙

营养贴士

菠萝中所含有的蛋白酶有助于促进对肉食的消化，如果吃了大鱼大肉，吃些菠萝可以解腻、清肠。

做法

1　汉堡坯横着从中间切开，放入烤箱，180℃烘烤10分钟至切面变色，目的是让汉堡变酥脆。

2　菠萝去皮，横着切下约2厘米厚的菠萝片，将菠萝中间的硬心去掉。

3　平底锅放入黄油烧至融化，小火将菠萝片煎一下。

4　生菜洗净，沥干水分；在汉堡坯底铺上生菜，抹上柠檬酱。

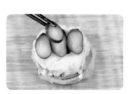

5　依次放上火腿片、菠萝片、酸黄瓜片，盖上汉堡即可。

烹饪秘籍

汉堡坯可以放入平底锅中用小火烘烤，也能达到酥脆的效果。

吃好很重要

培根荷包蛋汉堡

⏱15分钟 | 🍳简单

早餐不喜欢吃油腻的煎蛋? 那就变个花样做水煮荷包蛋, 再配上煎得焦香的培根, 这个菜谱做法简单, 花最少的时间吃最有营养的食物。

主料

汉堡坯…1个（约100克）
鸡蛋…1个（约60克）
奶酪片…1片
培根…2片

辅料

色拉油…1茶匙
黑胡椒粉…1克

营养贴士

培根是一种西式的生熏猪肉, 其中含有优质蛋白质, 能够帮助身体补充营养, 身体虚弱的人群宜适量食用。

做法

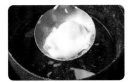

1 锅中加水煮沸, 磕入鸡蛋, 煮5分钟, 做成荷包蛋。

2 捞出荷包蛋, 撒上黑胡椒粉。

3 平底锅中倒入色拉油, 小火将培根煎熟。

4 汉堡坯横着从中间切开, 依次放入奶酪片、培根、荷包蛋, 盖上汉堡。

5 将汉堡放于烤盘中, 放入烤箱中层, 180℃烤5分钟至奶酪片融化即可。

烹饪秘籍

如果喜欢溏心蛋, 水开后煮3分钟即可。

五星汉堡

油炸猪排汉堡

⏱15分钟 | 🍴中等

主料

汉堡坯…1个（约100克）
猪排…100克
生菜…3片

辅料

番茄酱…2茶匙
盐…1/2茶匙
料酒…2茶匙
淀粉…2茶匙
鸡蛋…1个
色拉油…60毫升
面包糠…20克

营养贴士

猪肉富含优质蛋白质和多种矿物质，对身体虚弱的人有很好的补养效果。

做法

1 将猪排用刀背拍松，加入盐和料酒搅拌均匀，腌制10分钟。

2 将猪排先裹上淀粉。

3 鸡蛋打散成蛋液，整个猪排裹满蛋液；生菜洗净，沥干水分。

4 将猪排双面均匀裹上面包糠，可以用手压一压，这样能多裹一些面包糠。

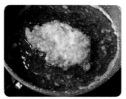

5 锅中放油，烧至六成热，小火将猪排炸至金黄色。

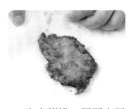

6 取出猪排，用厨房用纸吸干表面油分。

烹饪秘籍

裹好面包糠的猪排可以放置10分钟至面包糠回软，再入油锅炸，这样炸的时候面包糠不易掉落。

7 汉堡坯横着从中间切开，放上生菜，挤上番茄酱。

8 放上猪排，盖上汉堡就好了。

 裹上面包糠的猪排，经过高温油炸，外酥里嫩，番茄酱与生菜又平衡了油炸食物的油腻感，推荐指数五颗星。

以不变应万变
黄金猪柳汉堡

⏱20分钟 | 🍳中等

主料

汉堡坯…1个（约100克）
猪里脊肉…100克
黄瓜…半根

辅料

料酒…2茶匙
盐…1/2茶匙
黑胡椒粉…1茶匙
淀粉…2茶匙
鸡蛋…1个
面包糠…10克
千岛酱…2茶匙
色拉油…50毫升

做法

1 将猪肉切成2厘米的肉条，加入盐、料酒和黑胡椒粉，搅拌均匀，腌制10分钟。

2 将腌制好的猪肉条裹上淀粉。

3 鸡蛋打散成蛋液，再将猪肉条都裹满鸡蛋液。

4 将猪肉条裹上面包糠。

5 锅中倒入油，烧至七成热，放入猪肉条炸成金黄色。

6 捞出的猪肉条再次放入油锅中复炸，可以让肉更酥脆。

7 黄瓜洗净，斜切成片，越薄越好。

8 汉堡坯横着从中间切开，抹入千岛酱，铺上黄瓜片，放入猪肉条，盖上汉堡就好了。

烹饪秘籍

除了放料酒，猪肉条里也可以挤入柠檬汁，能起到去除肉腥味的作用。

汉堡包因为美味快手，已经成为早餐必备主食之一了，家里常备汉堡坯，准备早饭就会变得很轻松，随你喜好加入肉、蛋、蔬菜，怎么搭配都好吃。

汉堡有了新面孔
小熊创意汉堡

⏱15分钟 | 🔥中等

主料
汉堡坯…1个（约100克）
鸡蛋…1个（约60克）
奶酪片…2片
生菜…2片

辅料
色拉油…2茶匙
火腿肠…1根
沙拉酱…1茶匙
巧克力…适量

营养贴士

鸡蛋黄中的卵磷脂和卵黄素可促进智力发育，滋养大脑细胞，预防老年痴呆，延缓智力衰退。

做法

1 平底锅中倒入油，鸡蛋磕进锅内，小火煎至两面金黄。

2 火腿肠切掉两端的头，保留下来；生菜洗净，沥干水分。

3 将切下的火腿肠头用牙签固定在面包的上方两侧，当小熊的耳朵。

4 取一片奶酪片，用椭圆形模具压出圆形，当小熊的鼻子部分。

5 将巧克力放入碗中，隔水融化，装入裱花袋中，挤在汉堡上，画出小熊的表情。

6 将汉堡从中间横着切开，依次放入生菜、奶酪片、煎蛋，挤入沙拉酱，盖上汉堡就好了。

烹饪秘籍

汉堡中间的配菜可以自己随意发挥，本菜谱只注重小熊造型的描述。

汉堡的造型总是一成不变，加点创意就能让整个汉堡充满了童趣。这款汉堡适合做给小朋友吃，让他爱上吃饭。

简单朴实的水煮蛋，加上酸甜爽口的小番茄，低热量又高蛋白，满足健身和减肥人群的饮食需求。

减脂人群的福利

水煮蛋汉堡

⏱10分钟 Ⅰ 🍳简单

主料
汉堡坯…1个（约100克）
鸡蛋…2个（约120克）
小番茄…5个

辅料
沙拉酱…2茶匙

营养贴士

小番茄富含番茄红素，其具有较强的抗氧化性，能够美白皮肤，延缓衰老。

做法

1 将鸡蛋煮熟，去壳，切成均匀的薄片。

2 将小番茄洗净，对半切开。

3 汉堡坯横着从中间切开，放入平底锅中，烘烤至酥脆。

4 汉堡坯底抹上沙拉酱，放上鸡蛋片，再铺上小番茄，盖上汉堡就可以了。

烹饪秘籍

鸡蛋用刀不好切，可以用鸡蛋切片器将鸡蛋切成片。

□□酥脆
吐司小方

🕐20分钟 | 🍴简单

主料

吐司砖…1个（约200克）

辅料

黄油…20克
蜂蜜…1茶匙
白砂糖…1茶匙
椰蓉…1茶匙

做法

1 吐司砖切出2片约3厘米厚的吐司片。

2 将吐司片切掉吐司边，再切成3厘米见方的块。

3 将黄油隔水加热至融化。

4 把切好的每个吐司块都裹满黄油；再将吐司块四周都刷上蜂蜜。

5 烤箱190℃预热5分钟，将吐司块放在烤盘上，放入烤箱中层，烤8分钟后将吐司块翻面。

6 翻面后的吐司块再烤8分钟至吐司上色。

7 将椰蓉和白砂糖混合在一起，撒在吐司块上，等吐司块晾凉了，就会变得十分酥脆。

烹饪秘籍

做好的吐司块当天吃不完，可以放回烤箱，180℃烤3分钟，即可恢复酥脆的口感。

吐司除了做三明治，还可以做成零食。浸满黄油的吐司小块经过烤箱高温烘烤，喷香酥脆，瞬间光盘。

杏仁枫糖吐司脆条

⏱15分钟 | 🍳简单

主料

白吐司片…3片（约150克）
枫糖浆…30毫升

辅料

粗粒白砂糖…1茶匙
杏仁碎…适量
黄油…15克

营养贴士

杏仁富含不饱和脂肪酸，可以起到降低胆固醇的作用，适量食用对预防心血管疾病有一定效果。

做法

1 烤箱180℃预热5分钟；将吐司片放入烤箱中层，烤5分钟至吐司上色。

2 黄油于室温下放至软化。

3 将烤好的吐司片均匀抹上软化的黄油。

4 再抹上一层枫糖浆，撒上粗粒白砂糖和杏仁碎。

5 再次放入烤箱，190℃烤10分钟至吐司片全部变色烤脆。

6 将烤好的吐司竖切成吐司条，晾凉后的吐司条会变脆，密封保存即可。

烹饪秘籍

判断黄油软化：可以将手指按压在黄油上，没有阻力能很轻松按下去就代表软化好了。

114

对于吃货来说，永远无法抗拒零食的诱惑。正好利用家里的剩余吐司，自己动手制作零食。好吃的吐司脆条，让你的幸福感爆棚。

爱不释口
飘香椰蓉吐司条

🕐25分钟 | 🥄简单

主料

吐司片…3片（约150克）
黄油…10克
白砂糖…10克
牛奶…30毫升
鸡蛋液…15毫升

辅料

椰蓉…2汤匙

做法

1 将吐司切掉吐司边，再切成吐司条。

2 锅中烧水，黄油放入碗中，将黄油隔水融化。

3 融化好的黄油中倒入牛奶、鸡蛋液和白砂糖，搅拌均匀。

4 将切好的吐司条裹满做好的蛋奶液体。

5 再将吐司条裹上椰蓉。

6 烤箱150℃预热5分钟；将吐司条放入烤箱中层，烤20分钟至上色，晾凉后密封保存。

烹饪秘籍

吐司条裹蛋奶液时，轻轻蘸一下就可以，如果蘸取太多，烤出来的成品就不酥脆了。

椰蓉是椰子肉的提取物，通常用作甜点、面包等的馅料，或撒在面包表面进行装饰。其味道清香，全家人都喜欢。

勾起食欲
浓郁葱香面包干

⊕10分钟 | ⑯简单

主料

吐司片…3片（约150克）
小葱…10克
蒜…3瓣

辅料

黄油…20克
盐…1/2茶匙

营养贴士

大蒜含有的大蒜素是一种有效的抗菌成分，能够起到杀菌的作用。

做法

1 将吐司切掉吐司边，再平均切成四等份

2 小葱和蒜都切成碎末。

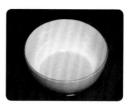

3 黄油放入碗中，锅中烧热水，将黄油隔水融化。

4 将葱末、蒜末放入融化好的黄油中，加入盐，搅拌均匀。

5 将做好的葱蒜末涂抹在吐司片上。

6 烤箱180℃预热5分钟，将吐司片放入烤箱中层，烘烤5分钟即可。

烹饪秘籍

可以将黄油放入碗中，入微波炉，高火加热1分钟至黄油融化。

吐司片在快速果腹这方面，永远不会让
人失望。但吃够了单一的白吐司，也要
对它重新包装一下。被黄油包裹的吐司
片经过焙烤，口感酥脆、葱香浓郁，让
人垂涎三尺。

🍞 甜味的零食不敢吃，怕长胖，那就换个口味。不仅解决了剩余的吐司，烤出的吐司条也很方便携带，可以与朋友们分享。

剩吐司巧变身
黑胡椒烤吐司条

🕐15分钟 | 🔥简单

主料

吐司片…3片（约150克）

辅料

黄油…10克
黑胡椒粉…2克
盐…1/2茶匙

营养贴士

黄油富含蛋白质、维生素A和多种矿物质，可以为身体发育和骨骼生长提供营养，适合青少年食用。

做法

1 将黄油在室温下放至软化。

2 吐司片切成约1厘米宽的长条状。

3 在吐司条上均匀抹上黄油，撒入黑胡椒粉和盐。

4 烤箱200℃预热5分钟，将吐司条放于烤箱中层，烤5分钟至吐司条上色变黄即可。

烹饪秘籍

如果黄油来不及软化，可以在微波炉里高火转10秒。

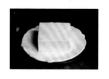

解馋小零食
蜂蜜奶香吐司干

⏱20分钟 | 🥄简单

主料
白吐司…3片（约100克）
蜂蜜…20克

辅料
奶粉…适量

剩余的吐司片可千万别丢掉，抹上蜂蜜，入烤箱烘烤，撒上奶粉，就摇身变成了抢手的小零食。看电视剧的时候可少不了它。

营养贴士

蜂蜜富含维生素A及多种矿物质，能够起到保护心脑血管的作用，还能够舒缓神经紧张，改善睡眠。

做法

1　将吐司切去吐司边，再切成均匀的块。

2　把蜂蜜均匀抹在吐司块上。

3　烤箱180℃预热5分钟，将吐司块放在烤箱中层，烤15分钟至吐司块上色。

4　将奶粉用筛网筛在吐司块上即可。

烹饪秘籍

可以将吐司两面均裹满奶粉，也有同样的成品效果。

造型别致
简单吐司蛋挞

⏱30分钟 | 🍴简单

主料

吐司片···6片（约300克）
鸡蛋···1个（约60克）
牛奶···150毫升

辅料

白砂糖···2汤匙

做法

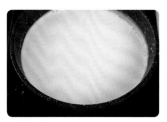

1 将牛奶中加入白砂糖，小火加热至白砂糖溶化。

2 将鸡蛋打散成蛋液，倒入牛奶中，搅拌均匀，蛋挞液就做好了。

3 将吐司片切去吐司边，用擀面杖擀薄。

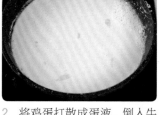

4 将擀好的吐司片放在烤盘模具里，用手按压、贴紧模具。

5 将蛋挞液倒入吐司碗里，烤箱200℃预热5分钟，将吐司蛋挞放入烤箱中层，烤20分钟即可。

营养贴士

牛奶富含维生素A，能够改善视物模糊的症状。牛奶营养较为全面，适合老人和儿童经常食用。

烹饪秘籍

牛奶小火加热至出现小气泡就可以了，不可过度加热。

蛋挞可是人见人爱的小点心，但基础蛋挞皮的做法过于复杂，用吐司代替就可以解决这一问题，做出的成品也同样具有外酥里嫩的口感。

开放式"三明治"
清爽牛油果沙拉塔帕斯

⏱15分钟 | 🍴简单

主料

法棍面包…1根（约200克）
牛油果…1个
鸡蛋…2个（约120克）
鲜虾…5只

辅料

沙拉酱…2茶匙
盐…1/2茶匙

营养贴士

牛油果营养丰富，其含有的甘油酸能起到滋润皮肤的作用，还能够延缓皮肤衰老的速度。

做法

1 将法棍面包斜切成2厘米厚的面包片，切出3片。

2 烤箱预热180℃5分钟，法棍面包片放入烤箱中层烤至上色。

3 鲜虾开背，去壳，去除虾线，煮熟。

4 鸡蛋煮熟，去壳，切成小丁。

5 牛油果去皮，去核，压成泥。

6 牛油果泥中加入鸡蛋、沙拉酱和盐搅拌均匀，做成牛油果沙拉。

7 法棍面包片铺底，放入拌好的牛油果沙拉，可以铺厚点。

8 最后放上虾仁装饰就可以了。

烹饪秘籍

熟透的牛油果可以轻松用勺子压成泥，不方便压泥的，也可以切成小丁。

法棍别只会蘸浓汤吃了，将法棍烘烤
一下，搭配清爽的食材，你一定不会想
到，竟然能获得如此美味。

随心创作的美食
虾仁奶酪塔帕斯

⏱15分钟 | 👌简单

主料

法棍面包…1根（约100克）
鲜虾…15只
马苏里拉奶酪…50克

辅料

黑胡椒碎…1茶匙
盐…1/2茶匙
大蒜…10克
色拉油…1茶匙

做法

1 将法棍面包斜切成2厘米厚的片，切出3片。

2 大蒜去皮，洗净，切成蒜末。

3 将鲜虾去壳，去虾线，把虾仁剁碎，但不要剁太碎，保留一点肉块更有口感。

4 平底锅中倒入色拉油，放入虾仁，加入盐、黑胡椒碎、蒜末，翻炒至虾仁变色。

5 法棍面包铺底，放入炒好的虾仁，再撒上马苏里拉奶酪。

6 烤箱180℃预热，将面包片放入烤箱中层，烤至马苏里拉奶酪融化即可。

烹饪秘籍

大蒜用刀背拍一下，可以轻松去皮。

新鲜的大虾去壳，再加蒜末煸香，很有中式烹饪的风格，但这就是西班牙随性的美食制作方法，你可以发挥天马行空的想象力，烹制出属于自己的全新料理。

酸爽有营养

鲜虾吐司芒果沙拉

⏱20分钟 | 🖐简单

主料

吐司片…2片（约100克）
鲜虾…150克
芒果…100克
小番茄…30克
苦菊菜…20克
柠檬…1个

辅料

沙拉酱…1汤匙
盐…2克

做法

1 将吐司片切成吐司块；平底锅中不放油，小火煎至吐司上色变酥脆。

2 将鲜虾去壳，去虾尾，去虾线，处理干净。

3 锅中倒入水烧开，加入盐，放入虾仁煮熟。

4 将芒果去皮，切成约1厘米见方的丁。

5 苦菊菜洗净，沥干水分，撕成小片；小番茄洗净，对半切开。

6 柠檬对半切开，留半个备用，另外半个切成柠檬片。

7 将吐司块、虾仁、芒果丁、苦菊菜、柠檬片、小番茄一起放入碗中，倒入沙拉酱，挤入剩余半个柠檬的柠檬汁，搅拌均匀即可。

烹饪秘籍

苦菊菜也可以换成自己喜欢的其他蔬菜，如生菜等。

平底锅煎过的吐司块特别酥脆，加上清香的芒果、鲜甜的虾仁，既有碳水化合物，又有维生素和蛋白质，一道清新而营养的沙拉就做好了。

省事又精致

面包芦笋丁虾仁沙拉

⏱15分钟 | 🍴简单

主料

吐司片…2片（约100克）
芦笋…5根
鸡蛋…2个（约120克）
虾仁…10只
小番茄…20克

辅料

盐…1/2茶匙
橄榄油…1/2茶匙
千岛酱…2茶匙

营养贴士

芦笋中含有维生素K，维生素K属于骨形成的促进剂，有抗骨质疏松的作用，可以改善中老年人骨质疏松的状态。

做法

1　吐司片切成块；烤箱180℃预热5分钟，吐司块放入烤箱中层，烤10分钟至上色。

2　锅中加水，放入盐和橄榄油，烧开后放入芦笋，煮3分钟；捞出过凉水，切成丁。

3　锅洗净，再次加入水，放入虾仁，煮熟捞出。

4　鸡蛋煮熟，去壳，再切成块。

5　小番茄洗净，对半切开备用。

6　将烤好的吐司块、芦笋丁、虾仁、鸡蛋块、小番茄放入大碗中，加入千岛酱，拌匀即可。

烹饪秘籍

煮虾仁时可以凉水入锅，变红就捞出，不必煮太久。

芦笋营养丰富又清脆爽口，搭配上粉嫩的虾仁、红红的小番茄、浓浓的酱汁，做好的沙拉看起来就非常有食欲。

法棍万能搭配
西班牙轻食塔帕斯

⏱20分钟 | 🖐简单

主料

法棍面包…1根（约100克）
番茄…150克
香菜…10克
龙利鱼…100克

辅料

盐…1/2茶匙，
色拉油…1汤匙
千岛酱…适量

---营养贴士---

龙利鱼中富含DHA，这是一种不饱和脂肪酸，俗称"脑黄金"，是大脑和视网膜的重要构成成分，适当摄入对大脑和视力均有好处。

做法

1　将法棍面包斜切成2厘米厚的面包片，切出3片；烤箱150℃预热，将面包片放入烤箱中层烤5分钟。

2　番茄洗净，去皮，对半切开，用勺子去掉瓤，再切成丁。

3　龙利鱼切成1厘米见方的丁，加入盐，腌制5分钟。

4　平底锅中倒入色拉油，放入龙利鱼煎熟。

5　香菜洗净，沥干水分，择下香菜叶备用（香菜茎留作他用）。

6　龙利鱼和番茄丁放在一起，加入千岛酱搅拌均匀。

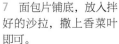

7　面包片铺底，放入拌好的沙拉，撒上香菜叶即可。

烹饪秘籍

在番茄顶部用刀划个十字，放入开水中烫3分钟，就可以轻松去掉番茄皮。

西班牙的生活节奏是很舒缓的，食物搭配也同样自由而随性。来一份塔帕斯，搭配可口的饮品，享受这种轻松惬意的生活方式。

西班牙经典小食
火腿时蔬塔帕斯

⏱15分钟 | 👨‍🍳中等

主料

法棍面包…1根（约200克）
西班牙火腿片…3片
红菜椒…30克
黄菜椒…1个（约30克）
奶酪片…1片

辅料

色拉油…1汤匙
黑胡椒粉…1/2茶匙

营养贴士

菜椒中特有的叶绿素可以帮助身体排出多余的脂肪，还能起到预防血管疾病的作用。

做法

1 将法棍面包斜切成约2厘米厚的面包片，切出3片。

2 将法棍片放入烤箱，180℃烤5分钟至表面上色。

3 红菜椒和黄菜椒都洗净、去子，切成丁。

4 平底锅中放油，倒入切好的菜椒丁炒1分钟，再加入黑胡椒粉拌匀。

5 将奶酪片切成均匀的三份，分别铺在法棍面包片上。

6 再将菜椒丁铺在奶酪片上。

7 最后铺上西班牙火腿就可以了。

烹饪秘籍

西班牙火腿不用加工，可以直接食用。

塔帕斯是西班牙著名食物，种类繁多。这款火腿搭配蔬菜的塔帕斯是经典小食，也是开胃菜之一，早餐时来一份，让你一天都有好胃口。

不可错过的美味
肉松培根奶酪塔帕斯

⏱20分钟 | 🍴简单

主料

法棍面包…1根（约200克）
肉松…30克
培根…3片

辅料

马苏里拉奶酪…30克
黑胡椒粉…1克
黄油…15克

营养贴士

培根来源于西方国家，属于熏肉的一种，含有较多的钾、钠等矿物质元素，能够加快人体新陈代谢，有益于身体健康。

做法

1　将法棍面包斜切成约2厘米厚的片，切出3片。

2　将黄油在锅中融化，放入培根片煎熟。

3　将煎好的培根切成碎片，加入黑胡椒粉，搅拌均匀。

4　在法棍面包片上铺上培根碎，再撒上马苏里拉奶酪。

5　烤箱180℃预热5分钟，将面包片放入烤箱中层，烤10分钟至奶酪融化。

6　最后在烤好的面包片上撒上肉松即可。

烹饪秘籍

如果不喜欢用黑胡椒调味，可以换成自己喜欢的其他调料进行调味。

法棍硬得像一根棍? 那是你还没有真正了解它的魅力所在。烘烤过的奶酪法棍入口有嚼劲,放上满满的肉松,绝对是不可错过的美味。

给你力量
培根面包沙拉

🕐 10分钟 | 🍳 简单

主料
吐司片…2片（约100克）
培根…3片
黄瓜…1根（约200克）
鸡蛋…2个（约120克）
生菜…2片

辅料
色拉油…3毫升
沙拉酱…2茶匙

做法

1　将吐司切掉吐司边，再切成约1厘米见方的丁。

2　平底锅不放油，放入吐司丁，小火煎至吐司表面呈金黄色。

3　培根切成约1厘米长的片；平底锅中倒入色拉油，放入培根小火煎熟。

4　鸡蛋煮熟，去壳，切成块；黄瓜洗净，切成片；生菜洗净，切成块。

5　将吐司丁、黄瓜片、鸡蛋块、培根片、生菜都放入碗中，挤入沙拉酱，搅拌均匀即可。

营养贴士

黄瓜热量极低，不会加重身体的负担，还有降低血糖的作用，糖尿病患者可经常食用黄瓜。

烹饪秘籍

煎好的面包丁要放凉再加入到沙拉里，这样面包丁才能更酥脆。

吐司片除了夹着吃，卷着吃，还可以做成爽口的沙拉。早起10分钟，做出这款方便携带又快手的沙拉，轻松获得满满的能量。

软软糯糯真好吃

什锦杂蔬面包布丁

⏱40分钟 | 🍴简单

主料

吐司片…2片（约100克）
黄瓜…50克
胡萝卜…50克
冷冻玉米粒…50克

辅料

牛奶…100毫升
鸡蛋液…60毫升
盐…1/2茶匙
黑胡椒粉…适量

营养贴士

胡萝卜富含膳食纤维，能够促进肠道蠕动，有助于排便，能预防和缓解便秘。

做法

1 将吐司切成约1厘米见方的吐司块。

2 黄瓜、胡萝卜洗净，切成丁。

3 鸡蛋液中加入牛奶，搅拌均匀。

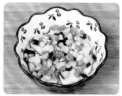

4 准备一个烤碗，放入一半的吐司块，撒入一半的蔬菜丁及玉米粒。

5 再放入另一半吐司块，撒入另一半的蔬菜丁及玉米粒。

6 将蛋奶液倒入碗中，用勺子压一压吐司块，让吐司多吸收蛋奶液。

7 撒入盐和黑胡椒粉，烤箱170℃预热5分钟，将吐司块放入烤箱中层，烤30分钟即可。

烹饪秘籍

可以将准备好的面包布丁放入微波炉中，高火转3分钟，能达到同样效果。

布丁给人的印象就是软糯香甜，这里改变一下口味，将糖换成盐，果干换成蔬菜，一道健康无油的早餐就做好了。

无负担的减肥餐

低热量吐司沙拉

⏱15分钟 I 🍴简单

主料

吐司片…2片（约100克）
胡萝卜…100克
秋葵…30克
莲藕…100克
小番茄…20克

辅料

千岛酱…2茶匙
盐…1/2茶匙

营养贴士

秋葵中的黏液富含果胶、多种糖聚合物，以及维生素A、钾等营养物质，能够降低血液中的胆固醇，减缓碳水化合物的消化速度，降低血糖。

做法

1　将胡萝卜洗净，去皮，切成薄片。

2　将莲藕洗净，去皮，切成薄片。

3　将秋葵洗净，切小块；将小番茄洗净，切成小块。

4　锅中放水烧开，加入盐，将胡萝卜片、莲藕片、秋葵块放入锅中焯熟。

5　将吐司切成块，放入平底锅中，不放油，小火煎至吐司酥脆。

6　将蔬菜和吐司块放在碗中，加入千岛酱，拌匀即可。

烹饪秘籍

清洗秋葵时，可用粗盐搓洗，能有效清除秋葵表面的毛刺。

想减肥但管不住嘴，那么来一份主食沙拉是最好的选择。这份沙拉热量低，又搭配了三种蔬菜，让你吃完没有负罪感。

143

面包蔬果酸奶沙拉

⏱15分钟 | 🍴简单

主料

吐司片…2片（约100克）
小番茄…5个
草莓…5个
黄瓜…60克

辅料

浓稠酸奶…2汤匙

做法

1 将吐司切去吐司边；烤箱180℃预热，吐司放入烤箱中层，烤至吐司酥脆。

2 将烤好的吐司切成小块。

3 小番茄洗净，对半切开；草莓洗净，对半切开；黄瓜洗净，切成薄片。

4 将小番茄、草莓、黄瓜片、吐司块都放在碗里，倒入酸奶，搅拌均匀即可。

> **营养贴士**
>
> 草莓中含有丰富的植物酸和膳食纤维，能开胃消食，促进胃肠蠕动，预防和改善便秘。

> **烹饪秘籍**
>
> 洗草莓时可以在水中放入一点盐，浸泡一会儿，能有效去除草莓表面残留的农药。

市售沙拉酱往往热量太高，这次将它换成了酸奶，让你不用担心发胖问题，可以尽情享受食物带给你的快乐。

赏心悦目
彩虹蔬果塔帕斯

⏱10分钟 | 👨‍🍳简单

主料

法棍面包…1根（约200克）
蓝莓…15克
猕猴桃…50克
鸡蛋…2个（约120克）
小番茄…5个
香蕉…80克

辅料

黄油…15克
浓稠酸奶…20毫升

营养贴士

蓝莓含有丰富的花青素，能有效消除人体内的自由基，对抗衰老，增强免疫力。

做法

1　将法棍面包斜切成2厘米厚的片，切出3片。

2　取一个鸡蛋，打散成鸡蛋液，将法棍面包片刷满鸡蛋液。

3　烤箱200℃预热5分钟，将面包片放于烤箱中层，双面烤至金黄色。

4　将另一个鸡蛋打散；平底锅中放入黄油，烧至融化，小火将鸡蛋炒熟。

5　猕猴桃去皮，切成片；小番茄洗净，切成四等份。

6　蓝莓洗净备用；香蕉去皮，切成片。

7　将酸奶抹在烤好的法棍面包片上。

8　在面包片上放上蓝莓、猕猴桃片、香蕉片、鸡蛋、小番茄块即可。

烹饪秘籍

食谱中的酸奶可随自己的口味换成奶油或奶酪。

塔帕斯小食是随性搭配的代表，你喜欢的都由你做主。这次做法选用的蔬菜，不仅颜色五彩斑斓，更带来丰富而均衡的营养。没有复杂的制作过程，相信你吃过以后，它就会成为你早餐桌上的"常客"。

🍃 三种水果的搭配颜色靓丽，讨人喜欢，有酥脆的面包丁、酸甜的水果，一勺舀下去，很是开胃，是夏日沙拉的好选择。

水果多多
清爽水果吐司沙拉

🕙10分钟 ┃ 🍴简单

主料

吐司片…2片（约100克）
草莓…10个
香蕉…1根
苹果…1个

辅料

黄油…15克
沙拉酱…2茶匙

┏━ **营养贴士** ━┓

香蕉富含膳食纤维，能够调节肠道运动，起到润肠通便的作用，还有美容瘦身的功效。

做法

1 将吐司片切成约1厘米见方的块。

2 黄油隔水加热至融化。

3 吐司裹满黄油，放入烤箱中层，180℃烤10分钟至呈金黄色，放凉。

4 将草莓洗净，切成块；苹果洗净，去皮，切块；香蕉去皮，切成片。

5 将以上所有食材都放入碗中，加入沙拉酱即可。

╭─ 烹饪秘籍 ─╮

应选择动物黄油，要比植物黄油更健康。

第五章

能量满满的早餐搭配

恰到好处的搭配
蒜香切片吐司+双莓牛奶汁

⏱30分钟+10分钟 | 🍳简单

主料
吐司片…3片（约150克）
蒜…6瓣

辅料
黄油…30克　　细白砂糖…1/2茶匙
盐…1/2茶匙

做法

1 将蒜剁成蒜泥，剁得碎一些。

2 黄油在室温下放至软化，加入蒜泥、盐、白砂糖，搅拌均匀成蒜泥黄油。

3 吐司切掉吐司边，再对角线切开，成三角形状。

4 将蒜泥黄油均匀抹在吐司片上，正反面都要抹上。

5 烤箱170℃预热5分钟，吐司片放于烤箱中层，烤20分钟即可。

─ 烹饪秘籍 ─

可以用压蒜器将大蒜压成泥，还可以用蒜臼捣成泥。

─ 营养贴士 ─

蓝莓中富含花青素，能够保护眼睛，舒缓视疲劳，预防近视。用眼较多的学生和常用电脑的上班族可经常食用蓝莓。

配餐

主料
蓝莓…50克
草莓…100克
牛奶…200毫升

辅料
蜂蜜…适量

做法

1 将蓝莓、草莓洗净，切成小丁。

2 破壁机中放入水果丁，加入牛奶，打成汁。

3 加入适量蜂蜜调味即可。

蒜蓉混着黄油，经过烘烤后附着在吐司表面，蒜香浓郁，勾人食欲。干脆的吐司搭配甜美的果汁，解渴又解腻，搭配得恰到好处。

解腻好搭配

水果奶油吐司卷 + 酸甜柠檬水

🕐15分钟+10分钟 | 🍳简单

主料

白吐司片…5片（约300克） 芒果…200克
草莓…50克

辅料

奶油…200毫升
白砂糖…20克

做法

1 白吐司片切去吐司边，用圆形模具压出圆形吐司片。

2 草莓洗净，对半切开；芒果洗净，去皮、去核，切成丁。

3 奶油中一次性加入白砂糖，用打蛋器打发奶油至凝固状态。

4 将打发好的奶油装入裱花袋中。

5 将圆形吐司对折，中间挤入奶油。

6 分别摆入草莓块和芒果丁即可。

配餐

主料

百香果…2个
柠檬…1个（约20克）
苏打水…200毫升

辅料

薄荷叶…2片

做法

1 将百香果对半切开，挖出果肉，倒入杯子里。

2 柠檬洗净，切成薄片。

3 杯中加入柠檬片和薄荷叶，倒入苏打水，搅拌均匀即可。

烹饪秘籍

清洗柠檬时，将盐抹在柠檬外皮搓洗，可以轻松洗净表皮的蜡质。

营养贴士

百香果富含维生素C，维生素C能够改善皮肤问题，起到美白皮肤、淡化色斑的作用。

爱吃甜品，又怕做法复杂，不如试试这份水果奶油吐司卷，让你在家也能轻松做出喜欢的甜品。再搭配一杯爽口的柠檬水，不管是做早餐，还是做下午茶，都是一份好选择。

连空气都是甜的

蓝莓吐司蛋挞 + 双色思慕雪奶昔

⏱30分钟+20分钟 ｜ 🔥中等

主料

白吐司片…6片（约300克）　鸡蛋…2个（约120克）
蓝莓…30克

辅料

淡奶油…60毫升
牛奶…35毫升
白砂糖…2茶匙

做法

1　将白吐司片切掉边，用擀面杖把吐司擀薄一些；蓝莓洗净，沥干水分。

2　将鸡蛋分离出蛋黄，搅拌均匀。

3　锅中倒入淡奶油、牛奶、白砂糖，小火加热至白砂糖溶化，熬成奶油液。

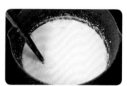

4　将奶油液放凉，加入蛋黄，搅拌均匀。

5　将搅拌好的液体通过滤网过滤两遍。

6　擀好的吐司片依次放入蛋糕六边模具中，做成吐司蛋挞皮，每个蛋挞中放5颗蓝莓，再倒入蛋挞液。

7　烤箱预热220℃，烤盘放于烤箱中层，烤15分钟即可。

> **烹饪秘籍**
>
> 做蓝莓蛋挞时也可以选用蓝莓果酱。

配餐

主料

红心火龙果…200克
芒果…200克
酸奶…300毫升

辅料

香蕉…20克
坚果麦片…适量

> **营养贴士**
>
> 火龙果富含膳食纤维和植物性白蛋白，膳食纤维可以润肠通便，植物性白蛋白能有效保护胃黏膜，对重金属中毒具有解毒的功效。

做法

1　香蕉去皮，切成薄片，沿着透明玻璃杯子内壁贴一圈。

2　将红心火龙果去皮，切成块，放入破壁机，加入150毫升酸奶，打成奶昔，倒入杯中。

3　将芒果去皮、去核，切成块，放入破壁机，加入150毫升酸奶，打成奶昔，也倒入杯中。

4　最后撒上坚果麦片即可。

吐司片擀薄做成蛋挞皮，香脆可口，内馅湿润绵软，带着蛋奶香，用嘴巴一抿，蓝莓就爆出甜浆，配上双重色彩、双重口感的思慕雪，味道超赞。

好吃又健康

西葫芦吐司沙拉＋胡萝卜奶昔

⏱15分钟＋15分钟 ｜ 🍳简单

主料

吐司片…2片（约100克）　鸡蛋…2个（约120克）
西葫芦…100克　　　　　小番茄…20克

辅料

沙拉汁…适量

做法

1　将吐司片切成吐司块；烤箱180℃预热，吐司块放入烤箱中烤5分钟。

2　西葫芦洗净，切成约1厘米见方的块。

3　锅中放水煮开，放入西葫芦块，煮1分钟捞出。

4　鸡蛋煮熟，切成片；小番茄洗净，对半切开。

5　将吐司块、西葫芦块、鸡蛋片、小番茄放入碗中，淋入沙拉汁即可。

营养贴士

西葫芦富含蛋白质、多种矿物质和维生素，不含脂肪，还含有瓜氨酸、腺嘌呤、天门冬氨酸等物质，有清热利尿、除烦止渴、润肺止咳、消肿散结等食疗功效。

配餐

主料

胡萝卜…100克
牛奶…200毫升

烹饪秘籍

喜欢生食胡萝卜的，可以选择直接加入牛奶打成奶昔。

做法

1　胡萝卜洗净，上锅蒸熟。

2　把胡萝卜放入破壁机中，加入牛奶，打成奶昔即可。

减肥期间总是嘴馋，想吃又不敢吃。不妨试试这组早餐搭配，营养充足，热量又很低，饱腹感强，让你既能吃饱又不长肉。

好好宠爱自己
香脆红薯吐司卷 + 冰糖牛奶炖木瓜

⏱35分钟+10分钟 | 🔥简单

主料

吐司片…3片（约150克）　　各种坚果仁…20克
红薯…150克

辅料

鸡蛋…1个　　　　炼乳…2茶匙
红糖…1/2茶匙　　黑芝麻…适量

做法

1 红薯洗净，去皮，切成块，上锅蒸熟后用勺子压成泥。

2 将坚果仁用刀剁碎一点。

3 将红薯泥、坚果仁混合，加入红糖和炼乳搅拌均匀。

4 吐司片切掉边，用擀面杖擀薄一点

5 将做好的红薯馅料铺在吐司上，从一侧开始将吐司片卷起来。

6 鸡蛋打散成蛋液；用刷子将蛋液刷在吐司上，撒上黑芝麻。

7 烤箱180℃预热，将吐司卷放入烤箱中层，烤20分钟至吐司卷变色即可。

> 烹饪秘籍
>
> 馅料里可以放入自己喜欢的坚果和干果。

配餐

主料

木瓜…半个（约200克）
牛奶…250毫升

辅料

冰糖…5克

> **营养贴士**
>
> 木瓜中特有的木瓜酶不仅有美容护肤的效果，还能够促进女性胸部的发育，爱美的女士们可以常吃木瓜。

做法

1 将木瓜去皮，用挖勺器将木瓜果肉挖成圆球形状。

2 锅中倒入牛奶，加入冰糖，熬至冰糖溶化，再加入木瓜球，熬10分钟即可。

烤至金黄色的吐司包裹着软糯香甜的红薯泥，还有大颗的果仁，是一款饱腹又健康的美味。再来一杯美容养颜的木瓜牛奶，便是对自己最好的宠爱。

色香味俱全

秋葵蛋卷吐司卷 + 水果燕麦片酸奶

⏱20分钟+10分钟 | 🔥中等

主料

吐司片…2片（约100克）　鸡蛋…2个（约120克）

秋葵…30克

辅料

盐…1/2茶匙　　　　色拉油…1汤匙

牛奶…100毫升

做法

1　鸡蛋打散成蛋液，加入牛奶和盐，搅拌均匀。

2　秋葵洗净，焯一下水，捞出后过下凉水，沥干备用。

3　方形煎锅内倒入油，开小火，先倒入一半的蛋液煎熟成蛋饼，在蛋饼的一侧放上秋葵，从一侧向另一侧卷起蛋饼。

4　在空余部分再倒入另一半的蛋液，用第3步同样的方法将蛋饼卷起来。

5　吐司片切去吐司边，用擀面杖擀薄一点儿；将秋葵蛋卷放在吐司片的一侧，卷起来即可。

营养贴士

秋葵富含锌和硒等矿物质元素，能增强人体免疫力，防癌、抗癌。

配餐

主料

猕猴桃…100克

芒果…200克

红心火龙果…100克

酸奶…200毫升

辅料

燕麦片…10克

烹饪秘籍

购买燕麦片时要看清楚包装，选择即食燕麦片。

做法

1　将红心火龙果、猕猴桃、芒果都洗净，去皮，切成1厘米见方的丁。

2　杯中倒入酸奶，水果加入酸奶中，撒上燕麦片即可。

这一餐的搭配里，蔬菜、鸡蛋、水果、奶制品，应有尽有，制作步骤简单易懂，助你轻松做出营养早餐。

鸡蛋比萨吐司+南瓜土豆汤

⏱20分钟+10分钟 | 🍴简单

主料

吐司片…2片（约100克）　玉米…1根
鸡蛋…2个（约120克）

辅料

黄油…15克　　比萨酱…2茶匙
盐…1/2茶匙　马苏里拉奶酪…20克

做法

1　将鸡蛋打散成蛋液，加入盐，搅拌均匀。

2　平底锅中放入黄油，烧至融化，将鸡蛋炒熟，可以炒得干一点。

3　玉米煮熟，切下玉米粒。

4　吐司片铺底，抹上比萨酱，放入鸡蛋和玉米粒。

5　撒上马苏里拉奶酪；烤箱180℃预热，将吐司放入烤箱中层，烤至奶酪融化即可。

营养贴士

玉米中的玉米黄质可以抗眼睛老化，预防老年黄斑性病变的产生。

配餐

主料

土豆…60克
南瓜…1块（约80克）
牛奶…300毫升

辅料

盐…1/2茶匙

烹饪秘籍

南瓜可以切成小丁，放入微波炉，高火转5分钟，也可以让南瓜熟透。

做法

1　将南瓜和土豆分别洗净，去皮，切成丁，放入锅中蒸熟。

2　搅拌机中放入南瓜和土豆，打成泥，加入牛奶和盐调味，搅拌均匀即可。

不用担心家里食材不全，只需要鸡蛋、玉米、南瓜这三种同色系的原材料，就能做出金黄灿烂、色泽诱人的美味料理。

诱惑十足

鳕鱼面包丁沙拉 + 紫薯奶昔

⏱20分钟+25分钟 | 🍳简单

主料

吐司片…2片（约100克）　　黄瓜…100克

鳕鱼…200克　　　　　　　熟核桃仁…10克

小番茄…20克

辅料

色拉油…1汤匙　　　　沙拉酱…1汤匙

生抽…1汤匙

黑胡椒粉…1/2茶匙

做法

1　鳕鱼中加入生抽和黑胡椒粉，腌制10分钟。

2　黄瓜洗净，竖着刮成长片；小番茄洗净，对半切开。

3　鳕鱼切成2厘米见方的块；平底锅放油，小火将鳕鱼块煎熟。

4　吐司片切成吐司块；平底锅中不放油，小火将吐司块煎至金黄色。

5　碗中放入吐司块、鳕鱼块、小番茄块、黄瓜片、熟核桃仁，加入沙拉酱，搅拌均匀即可。

> **烹饪秘籍**
>
> 也可以将鳕鱼换成龙利鱼、三文鱼等方便烹饪的鱼类。

营养贴士

核桃富含蛋白质和不饱和脂肪酸，可以滋养头皮毛囊，使头发乌黑亮泽，改善头发变白、干枯等情况。

配餐

主料

紫薯…100克

牛奶…200毫升

辅料

蜂蜜…适量

做法

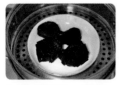

1　紫薯洗净，去皮，切成块状，上锅蒸熟。

2　搅拌机中放入紫薯，倒入牛奶，打成奶昔。

3　加入蜂蜜，搅拌均匀即可。

吃沙拉是一种特别健康的饮食方式，这款鳕鱼沙拉中的鳕鱼肉让食肉爱好者过足了嘴瘾，再来一杯奶昔增加饱腹感，这个搭配真是棒。

做给心爱的人

鲜虾田园吐司沙拉+红绿配杯壁酸奶

⏱20分钟+10分钟 | 🍴中等

主料

吐司片…2片（约100克）　贝贝南瓜…100克
鲜虾…5只　　　　　　　　芦笋…5根
牛油果…1个　　　　　　　小番茄…30克

辅料

沙拉酱…2茶匙
盐…1/2茶匙

做法

1　将吐司片放入烤箱中，200℃烤5分钟至吐司上色，再切成小块。

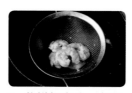

2　将鲜虾去头、去壳；水中放入盐，将虾煮熟。

3　贝贝南瓜去皮，切块，上锅蒸10分钟。

> **烹饪秘籍**
>
> 南瓜不要蒸太熟，否则拌沙拉的时候会烂掉。

4　锅中倒水烧热，将芦笋焯水2分钟，捞出，切成2厘米长的段。

5　小番茄洗净，对半切开；牛油果去皮、去核，切成块。

6　将以上所有材料放入碗中，加入沙拉酱搅拌均匀即可。

> **营养贴士**
>
> 芦笋富含硒元素，硒能抑制致癌物的活力并加速解毒，提高机体免疫功能，促进抗体的形成，提高对癌症的抵抗力。

配餐

主料

草莓…5个　　　　　　酸奶…300毫升
猕猴桃…50克

做法

1　将草莓洗净，其中2个竖着切成薄片，要切得尽量薄。

2　将切好的草莓片沿着透明玻璃杯的内侧边缘贴一圈。

3　其余草莓切成丁；猕猴桃去皮，切成丁。

4　将酸奶倒入杯子中，最上端放入草莓丁和猕猴桃丁装饰即可。

想给心爱的人做份早餐，这个组合是不二之选。蔬菜和虾仁的搭配看着就清爽；酸奶因为水果的造型也变得诱人起来。还没开始吃，仿佛已经尝到了甜甜的滋味。

心形创意三明治+糖水香梨

⏱20分钟+30分钟 | 🍳中等

主料

吐司片…3片（约150克）　　火腿片…2片
鸡胸肉…150克　　　　　　奶酪…1片
鸡蛋…2个（约60克）

辅料

黑胡椒粉…1/2茶匙　　色拉油…25毫升
盐…1/2茶匙
淀粉…1/2茶匙

做法

1 用心形模具将三片吐司压出心形吐司片。

2 将鸡胸肉剁成肉泥，加入盐、黑胡椒粉、淀粉、1个鸡蛋，搅拌至肉馅有弹性。

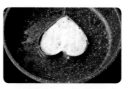

3 平底锅内放1汤匙色拉油，放入心形模具，将肉馅放入模具中按平，开小火将鸡肉饼煎熟。

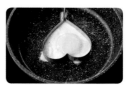

4 平底锅放剩余色拉油，放入心形模具，煎一个心形的煎蛋。

5 将火腿片、奶酪片都用模具压出心形造型。

6 铺一片心形吐司片，依次放上奶酪片、火腿片，再铺一层心形吐司片。

7 放上心形鸡肉饼、心形煎蛋，最后盖上一片心形吐司片就可以了。

配餐

主料

香梨…2个（约200克）
冰糖…50克

辅料

柠檬汁…少许

做法

1 香梨洗净，去皮、去核，再切成块状。

2 锅中放入200毫升清水，加入冰糖，挤入柠檬汁，小火熬煮至冰糖溶化。

3 加入梨块，熬煮20分钟至梨块变软即可。

烹饪秘籍

糖水梨中也可以添加红枣、枸杞子等食材。

营养贴士

香梨富含水分，还含有果糖和多种矿物质，可以消暑去火、平衡电解质，还有缓解咳嗽的作用。

生活中需要仪式感，做饭亦是如
此。多花一点心思，让食物变换
一个造型，给爱的人一份小小的
惊喜，打开一天的好心情。

越嚼越香

黑椒鸡腿贝果三明治+黄豆花生豆浆

⏱30分钟+20分钟 | 🍳中等

主料

贝果面包…1个（约200克） 番茄…2片
鸡腿…200克 生菜…2片
黄瓜…100克

辅料

色拉油…1汤匙 沙拉酱…适量
黑胡椒酱…2汤匙

做法

1 将鸡腿用剪刀剪开，去掉骨头，尽量不要破坏鸡腿的形状。

2 鸡腿肉中加入黑胡椒酱，腌制10分钟。

3 生菜洗净，沥干；黄瓜洗净，切成片。

—— 烹饪秘籍 ——

鸡腿肉也可以放在烤箱里，180℃烤5分钟就可以烤熟。

4 平底锅中放入色拉油，小火将鸡腿肉煎熟，边煎边用铲子压鸡肉，将肉里的水分逼出，更容易煎熟。

5 贝果面包从中间横切开；抹入沙拉酱。

6 放上生菜、鸡腿肉、番茄片、黄瓜片，盖上贝果即可。

配餐

主料

黄豆…20克
花生仁…20克

辅料

白砂糖…适量

—— 营养贴士 ——

黄豆中含有异黄酮，这是一种植物性雌激素，能够减轻女性更年期综合征症状。

做法

1 将花生仁、黄豆提前泡一晚。

2 豆浆机中放入花生仁和黄豆，加适量清水，开启豆浆机打成豆浆，加入白砂糖，搅拌均匀即可。

鸡腿肉特别有弹性，用黑胡椒酱腌制后，配着爽口的黄瓜，再加上口感醇厚的豆浆，这份早餐别有一番风味。

甜咸搭配很美味

肉松红豆沙三明治+隔夜酸奶燕麦粥

⏱30分钟+10分钟 | 🍳中等

主料

吐司片…2片（约100克）　红豆…30克
肉松…30克

辅料

白砂糖…1汤匙
色拉油…1汤匙

做法

1　把红豆至少提前2小时泡在水中。

2　电饭锅中加水，放入泡好的红豆，煮至红豆开花变软。

3　将煮好的红豆捞出，用勺子将红豆压碎。

4　炒锅中倒入色拉油，放入红豆翻炒，加入白砂糖，小火炒至红豆沙变稠，红豆馅就做好了。

5　取一片吐司铺底，放上红豆馅，再放上肉松，盖上另一片吐司，对半切开即可。

---烹饪秘籍---

如果觉得自己做红豆馅比较麻烦，可以购买现成的红豆馅，选择有颗粒的口感更好。

---营养贴士---

红豆有"心之谷"的美誉，强调了红豆养心补血的功效。红豆中含有的叶酸还能够预防胎儿神经管畸形，适宜孕妈妈食用。

配餐

主料

燕麦片…40克　　火龙果…80克
浓稠酸奶…200毫升　猕猴桃…60克

辅料

蔓越莓干…10克
南瓜子仁…5克

做法

1　将燕麦片与酸奶搅拌均匀，放入一个密封的容器内，放入冰箱里冷藏静置一夜。

2　火龙果去皮，切成丁；猕猴桃去皮，切成丁。

3　取一个杯子，先在底层放入一部分燕麦酸奶，再铺上水果丁。

4　再铺一层燕麦酸奶，最后铺上蔓越莓干和南瓜子仁即可。

甜与咸搭配做出的三明治，你一定想像不出它的味道，只有亲自试过才知道。还有用料满满的燕麦酸奶，这个早餐组合真是完美。

173

法棍变形记
焦香培根奶酪塔帕斯 + 经典意式蔬菜汤

⏱15分钟+20分钟 | 🍳简单

主料

法棍面包…1根（约200克）　马苏里拉奶酪…30克
培根…2片

辅料

黑胡椒粉…2克　　黄油…15克
葱花…适量

做法

1　将法棍面包斜切成2厘米厚的片，切出3片面包片。

2　培根切成小片；平底锅放入黄油，加热至融化，将培根煎熟。

3　法棍面包片用刀子在中间掏空出一个洞。

> **烹饪秘籍**
>
> 要选择马苏里拉奶酪才会拉丝，而不能用其他普通奶酪代替。

4　将培根放在面包中间，撒上黑胡椒粉。

5　撒上马苏里拉奶酪，再撒上葱花。

6　烤箱200℃预热，将面包片放于烤箱中层，烤10分钟，至面包片变金黄即可。

营养贴士

奶酪富含蛋白质，且消化吸收率高，非常适合老人及儿童食用。

配餐

主料

土豆…80克　　　胡萝卜…20克
洋葱…50克　　　红菜椒…20克
番茄…50克

辅料

番茄酱…2茶匙　　欧芹碎…适量
黑胡椒粉…2克
橄榄油…1汤匙

做法

1　将番茄、土豆、胡萝卜、红菜椒都洗净，切成丁；洋葱去皮，切成碎末。

2　锅中放入橄榄油，先放入洋葱末炒香，再放其他蔬菜丁，炒3分钟。

3　炒好的菜里加入水，煮开后加入番茄酱和黑胡椒粉调味，搅拌均匀。

4　煮至土豆丁变软，撒入欧芹碎即可。

蔬菜汤是一道意大利特色汤，用料里含有多种蔬菜，营养丰富而均衡，搭配面包是最经典的吃法。

趁热吃最香

培根吐司卧蛋+金黄苹果橙汁

🕐20分钟+10分钟 ┃ 🍳 简单

主料

吐司片…2片（约100克）　　培根…2片
鸡蛋…1个（约60克）

辅料

橄榄油…10毫升　　黑胡椒粉…2克
沙拉酱…2茶匙

做法

1　将吐司片切成丁，培根片切成丁。

2　将吐司丁、培根丁加入黑胡椒粉、沙拉酱、橄榄油搅拌均匀。

3　准备一个烤盘，将搅拌好的吐司丁和培根丁摆成一个环形，留出中心部分。

4　将鸡蛋磕入环形的中间。

5　烤箱200℃预热，将烤盘放于烤箱中层，烤10分钟至鸡蛋变熟即可。

配餐

主料

苹果…1个（约100克）
橙子…1个（约100克）

辅料

蜂蜜…适量

─ 烹饪秘籍 ─

不喜欢果渣的，可以将榨好的果汁过滤一下再饮用。

做法

1　将苹果洗净，去皮、去核，切成块；橙子去皮，去子，切成块。

2　将水果放入榨汁机中，加入200毫升纯净水，打成果汁。

3　根据个人口味放入适量蜂蜜调味即可。

营养贴士

苹果富含果酸和维生素，能够降低血液中的胆固醇含量，促进胆汁分泌，预防胆结石的发生。

吐司丁浸满培根的香味，烘烤后的鸡蛋喷香诱人，趁热吃一口，你能明显感受到舌头上的酥脆香浓，拿起苹果橙汁，一口气喝光，真是一个爽字了得。

令人心醉的美味

培根虾仁双拼吐司小比萨+菠菜清汤

⏱20分钟+15分钟 | 🍳中等

主料

吐司片…2片（约100克）　青椒…30克

虾仁…6只　胡萝卜…50克

培根…3片

辅料

比萨酱…2茶匙

马苏里拉奶酪…20克

做法

1 将青椒、胡萝卜分别洗净，切成丁，放入微波炉中，高火转1分钟，去除水分。

2 培根切成小片。

3 吐司片铺底，抹上比萨酱，放上蔬菜丁。

烹饪秘籍

做比萨的蔬菜和肉类可以换成自己喜欢的，要用两种不同的肉类，以达到双拼效果。

4 撒入10克马苏里拉奶酪，在吐司的一侧放入培根片。

5 在吐司的另一侧上放上虾仁，再撒上剩余的马苏里拉奶酪。

6 烤箱200℃预热，放入吐司片，烤10分钟至奶酪融化即可。

配餐

主料

菠菜…1小把（约20克）

土豆…1个（约100克）

辅料

橄榄油…1汤匙

葱末…3克

蒜末…3克

黑胡椒粉…1/2茶匙

盐…1/2茶匙

营养贴士

菠菜中富含铁，对缺铁性贫血有较好的食疗效果。

做法

1 将土豆洗净，去皮，切片，尽量切薄一点；菠菜洗净，从中间切成两段备用。

2 锅中倒入橄榄油，放入葱末和蒜末炒香，再放入土豆片翻炒，加入200毫升纯净水，小火熬煮10分钟。

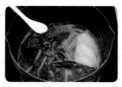

3 再加入菠菜熬煮5分钟，放黑胡椒粉和盐调味。

4 将熬好的汤放入榨汁机中，打成浓稠的汤即可。

铺上满满的奶酪，在烤箱的加热下鼓出小小的泡泡，慢慢染上诱人的焦糖色。还没出炉，浓郁的香味就飘满了整个厨房，让人忍不住流口水。

元气满满

酥脆可颂三明治 + 奶香培根土豆浓汤

⏱15分钟+30分钟 | 🍳中等

主料

可颂面包…1个（约100克）　鸡蛋…2个（约120克）
牛油果…1个　　　　　　　奶酪片…1片
火腿片…2片

辅料

色拉油…1茶匙　　沙拉酱…适量
盐…1/2茶匙

做法

  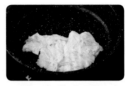 

1　将可颂面包横着从中间切开，不要切断。

2　牛油果去皮，去核，再切成片。

3　鸡蛋打散成蛋液，加入盐，搅拌均匀；平底锅中放油，炒熟鸡蛋。

4　将可颂面包中间放入奶酪片、炒鸡蛋、火腿片、牛油果片，挤入沙拉酱即可。

配餐

主料

土豆…1个（约100克）　培根…1片
牛奶…150毫升　　　　黄油…30克

辅料

黑胡椒粉…1/2茶匙
盐…1/2茶匙

做法

烹饪秘籍

把土豆放在热水里浸泡一会儿，再放到冷水中冷却，就能轻松去皮。

1　将土豆洗净，去皮，切成小块。

2　锅中放入15克黄油，烧至融化，放入土豆炒一下，加入水，煮至土豆变软。

3　培根切成小块；平底锅放15克黄油，烧至融化，放入培根片，煎至培根变焦变脆。

 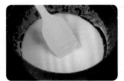 

4　搅拌机中放入土豆块，打成土豆泥。

5　锅中放入土豆泥，加入牛奶，撒入黑胡椒粉和盐搅拌均匀，其间要不停搅拌，以免煳锅。

6　最后将汤盛入碗中，撒入煎好的培根片即可。

营养贴士

土豆富含蛋白质和碳水化合物，不仅能够增强免疫力，还能够促进生长发育，改善精神状态。

豆腐脑配油条？煎蛋配面包？抛开这些老式搭配，你需要新元素来调剂你的早餐。外脆里酥的可颂面包，配上滑嫩的鸡蛋，再搭配一碗浓浓的土豆汤，这就是早餐新组合。

像国王一样吃早餐

经典搭配三明治 + 紫薯燕麦米糊

⏱15分钟+30分钟 | 🍳中等

主料

可颂面包…1个（约100克）　火腿片…2片

鸡蛋…1个（约60克）　番茄片，生菜…各2片

辅料

橄榄油…2茶匙

千岛酱…适量

做法

1　将可颂面包横着从中间切开，不要切断。

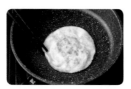

2　平底锅中放入橄榄油，磕入鸡蛋煎熟。

3　生菜洗净，沥干水分。

4　在面包中间放入生菜，以叠加的方式放上番茄片、火腿片、煎蛋，挤入千岛酱即可。

配餐

主料

紫薯…50克

山药…50克

大米…20克

燕麦…20克

辅料

白砂糖…适量

烹饪秘籍

大米提前一晚淘洗净，放入密封袋中，入冰箱冷冻一晚，熬煮时可以减少时间，能快速熬煮至米粥稠滑。

— 营养贴士 —

俗话说"白色山药胜人参"。山药富含黏液蛋白，可以有效预防心血管疾病，还能补充气血，适合脾胃虚弱者食用。

做法

1　将紫薯和山药洗净，去皮，切块，上锅蒸熟。

2　锅中倒入水，加入大米与燕麦，一起煮成米粥。

3　往米粥里放入紫薯、山药，一起倒入破壁机中，打成米糊。

4　最后加入白砂糖调味即可。

将鸡蛋煎好，蔬菜洗净，夹进烤得酥脆的原味可颂里；紫薯与大米打磨成米糊，搭配食用。你不用费太大力气，却能收获一顿丰盛的早餐。

暖身又暖心

爆浆洋葱热狗 + 西式玉米火腿汤

⏱20分钟+20分钟 | 🍳中等

主料

热狗面包…1个（约100克）　　奶酪…2片
烤肠…1根
紫洋葱…50克

辅料

番茄酱…2茶匙
色拉油…4茶匙
盐…1/2茶匙

烹饪秘籍

将烤肠划几刀可使内部更易受热，缩短煎制的时间。

做法

1　紫洋葱切成丝，将烤肠斜切几道。

2　平底锅中倒入2茶匙色拉油，放入烤肠，小火煎至变色。

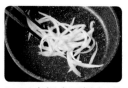

3　平底锅中再倒入2茶匙色拉油，放入洋葱炒软，加入盐调味。

4　将热狗面包从中间切开，但不要切断。

5　将奶酪片切成碎片，夹在面包中间，再放入烤肠、洋葱丝。

6　烤箱180℃预热，将面包放入烤箱中层，烤至奶酪融化。

7　最后挤上番茄酱即可。

配餐

主料

玉米…1根（约200克）
火腿…1根
牛奶…100毫升

辅料

黄油…10克
面粉…5克
黑胡椒粉…1克
盐…1/2茶匙
黄油…15克

营养贴士

玉米中富含维生素E，能起到延缓衰老的作用，让身体保持活力。

做法

1　将玉米煮熟，切下玉米粒；火腿切成小丁。

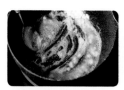

2　锅中放入黄油，小火加热至融化，放入面粉，搅拌均匀。

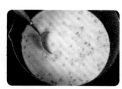

3　锅中放入玉米粒和火腿丁，加入牛奶和200毫升纯净水，煮10分钟至汤浓稠。

4　加入盐和黑胡椒粉调味即可。

184

炒过的洋葱会有淡淡的甜，加上煎得脆脆的香肠、奶香浓郁的奶酪，一口咬下去，一定是让人倍感满足的一餐。

蓬松酥脆，齿间留香

烤猪肉饼汉堡 + 蔓越莓红枣奶茶

⏱40分钟+20分钟 | 🎯中等

主料

汉堡坯…1个（约100克）　酸黄瓜片…10克
猪肉末…200克　　　　　生菜…2片

辅料

盐…1/2茶匙　　　　料酒…1汤匙
黑胡椒粉…1克　　　面包糠…15克
淀粉…1/2茶匙　　　沙拉酱…2茶匙

做法

1　猪肉末中加入盐、黑胡椒粉、料酒、淀粉，搅拌均匀至肉馅有弹性，腌制15分钟。

2　将肉馅用手捏成肉饼，裹上面包糠。

3　烤箱190℃预热，将猪肉饼放于烤箱中层，烤20分钟至猪排变金黄色。

4　将汉堡坯横着切开，放入洗净沥干的生菜，再放入酸黄瓜片。

5　放入肉饼，挤入沙拉酱，盖上汉堡即可。

配餐

主料

牛奶…200毫升
红茶包…1个

辅料

干红枣…5颗　　黑糖…20克
蔓越莓…5克

烹饪秘籍

要选用红茶才能熬出奶茶特有的浓郁口感。

做法

1　干红枣泡开，去核，将枣切成小块。

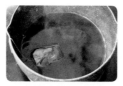

2　锅中倒100毫升纯净水，放入红茶包，煮至茶水变浓。

3　在茶水中加入牛奶、红枣块、蔓越莓、黑糖，再熬煮10分钟即可。

营养贴士

黑糖是常见的补血佳品，有助于促进血液循环，起到驱寒暖身的效果。

猪肉饼裹满了面包糠，在烤箱的高温里膨胀出一层酥脆，金黄的颜色真是漂亮，再煮一杯浓浓的红枣奶茶，简直要被这香气迷倒了，来不及拍照，赶快开动吧！

洋葱牛排汉堡 + 鲜蓝莓雪梨汁

⏱30分钟+10分钟 | 🍳简单

主料

汉堡坯…1个（约100克）　　　紫洋葱…100克
牛排1块…200克

辅料

黑胡椒汁…1汤匙　　黄油…30克
盐…2克

做法

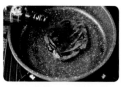

1　平底锅中放入15克黄油，小火将牛排煎熟，倒入黑胡椒汁调味。

2　将紫洋葱横着对半切开，再顺着横截面切出1厘米厚的洋葱圈。

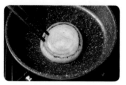

3　平底锅中放入15克黄油，放入洋葱圈，小火煎至洋葱上色，撒入盐。

4　汉堡坯横着从中间切开，汉堡中间夹入牛排，再放上洋葱圈即可。

营养贴士

洋葱含有前列腺素A，能降低外周血管阻力，降低血黏度，可降低血压、提神醒脑、缓解压力、预防感冒。

配餐

主料

蓝莓…50克
雪梨…1个

烹饪秘籍

吃不完的蓝莓可以冷冻保存，可延长保存期，还不会影响蓝莓的口感。

做法

1　将雪梨洗净，去皮，切块；蓝莓洗净备用。

2　榨汁机中放入雪梨块和蓝莓，加入100毫升纯净水，榨成果汁即可。

用黄油煎过的洋葱圈甜甜的，还有微微的焦香，和汉堡简直是绝配，再来一杯爽口的果汁，真让人心满意足。

吃出健康系列

  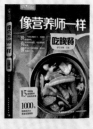  

图书在版编目（CIP）数据

萨巴厨房. 面包上的100种早餐 / 萨巴蒂娜主编.
— 北京：中国轻工业出版社，2019.12
ISBN 978-7-5184-2677-5

Ⅰ. ①萨… Ⅱ. ①萨… Ⅲ. ①面包—制作
Ⅳ. ① TS972.12 ② TS213.21

中国版本图书馆 CIP 数据核字（2019）第 212185 号

责任编辑：高惠京　　责任终审：劳国强　　整体设计：锋尚设计
策划编辑：龙志丹　　责任校对：李　靖　　责任监印：张京华

出版发行：中国轻工业出版社（北京东长安街6号，邮编：100740）
印　　刷：北京博海升彩色印刷有限公司
经　　销：各地新华书店
版　　次：2019年12月第1版第1次印刷
开　　本：720×1000　1/16　印张：12
字　　数：200千字
书　　号：ISBN 978-7-5184-2677-5　定价：49.80元
邮购电话：010-65241695
发行电话：010-85119835　传真：85113293
网　　址：http://www.chlip.com.cn
Email：club@chlip.com.cn
如发现图书残缺请与我社邮购联系调换
190172S1X101ZBW